中老年学微信

图解大字版

雷波　编著

化学工业出版社

·北京·

本书是专门为中老年朋友量身定制的微信使用教程，分为 9 章，内容包括手机文字输入方法，微信账号的申请与管理，微信界面以及常用功能介绍，微信发送语音、图片、视频等的方法与技巧，微信群聊以及朋友圈的玩法，同时在最后一章讲解了一些常用的防骗知识。

　　本书的一大特色是采用图解的方式详细地讲解微信的使用方法，读者按照图例一步步操作即可学会。同时，全书采用了较大号的字体，以提升中老年朋友的阅读体验。

　　相信通过阅读本书，读者一定会学会微信的使用方法，与朋友及家人常沟通，让生活更加丰富多彩。

图书在版编目(CIP)数据

中老年学微信：图解大字版/雷波编著.
北京：化学工业出版社，2018.6
ISBN 978-7-122-31966-1

Ⅰ.①中… Ⅱ.①雷… Ⅲ. ①手机软件-基本知识 Ⅳ.①TP319

中国版本图书馆 CIP 数据核字(2018)第073800号

责任编辑：孙　炜　王思慧　　　　　　　　　装帧设计：王晓宇
责任校对：边　涛

出版发行：化学工业出版社（北京市东城区青年湖南街 13 号 邮政编码 100011）
印　　装：中煤（北京）印务有限公司
710mm×1000mm　1/16　印张10 3/4　字数250 千字　2018 年 8 月北京第 1 版第 1 次印刷

购书咨询：010-64518888（传真：010-64519686） 售后服务：010-64518899
网　　址：http://www.cip.com.cn
凡购买本书，如有缺损质量问题，本社销售中心负责调换。

定　　价：58.00 元

前 言
PREFACE

随着时代的发展和生活水平的提高，越来越多的中老年朋友开始使用智能手机，而微信则成为了联系朋友和子女必不可少的手机应用程序。

本书是专门为中老年朋友量身定制的微信使用教程，用图解的方式详细地讲解微信的使用方法，同时，全书采用较大号的字体，以提升中老年朋友的阅读体验。

本书分为9章。

第1章介绍了使用手机文字输入和软件下载方法，为使用微信做准备。如果难以掌握拼音打字方法，可以直接学习手写输入。

第2章介绍了微信账号的申请方法，申请完账号之后，有时会出现一些小问题，比如登录问题、忘记微信密码、切换微信账号等，这些问题的解决办法都可以在本章中了解到。

第3章介绍了微信中的四个界面，并且对每个界面中的常用功能进行了讲解。

第4章介绍了个人信息设置、其他信息设置以及如何解决平时设置微信信息时遇到的常见问题。

第5章介绍了如何添加微信朋友，从该章开始，着重讲解微信的使用方法。

第6章介绍了使用微信发送语音、文字、表情、图片、位置、红包以及名片，如何视频聊天和语音聊天，如何现场拍摄图片和小视频等，该章是本书的重点，对于中老年朋友来说，学习微信一定要掌握该章的内容。

第7章介绍了面对面建群、发起群聊以及认识微信群聊界面的相关知识。

第8章介绍了如何发布朋友圈、如何在朋友圈中只发布文字、如何屏蔽朋友圈里发信息的好友以及评论、点赞、转发朋友圈内容。这是玩好微信朋友圈所必须要掌握的。

第9章介绍了使用微信过程中的一些常用的防骗知识。

相信通过阅读本书，中老年朋友一定会学会微信的使用方法，与朋友及家人建立起联系，让自己的生活更加丰富多彩。

本书内容基于安卓系统手机编写，使用苹果手机的读者可能会发现个别操作按钮与书中图解不一致，请根据实际情况操作，如有疑问，可加微信号13011886577为好友以获得解答。

编者

目 录
CONTENTS

第 1 章 使用手机打字和下载软件

第 2 章 申请微信账号

第 3 章 认识微信界面

第 4 章 设置微信信息

第 5 章 添加微信朋友

第 6 章 使用微信聊天

第 7 章 微信建群

第 8 章 轻松玩转朋友圈

第 9 章 微信虽好，谨防受骗

第1章

使用手机打字和下载软件

1.1 认识手机打字键盘类型

1.1.1 认识"拼音9键"

点击"办公商务"图标（图1.1），弹出"办公商务"界面，点击"备忘录"程序，如图1.2所示。

图1.1

图1.2

> **提示**
>
> 不同的手机显示的界面也不同，该操作只是为了找到备忘录程序。

弹出"备忘录"界面，界面底部显示打字键盘，键盘顶部的"键盘"图标是键盘类型图标，点击键盘类型图标（图1.3），弹出如图1.4所示的键盘选择界面，其中包含"拼音键盘""手写键盘"和"笔画键盘"。

图1.3

图1.4

> **提示**
>
> 其中"拼音键盘"分两种：一种是"拼音9键"，另外一种是"拼音26键"。

点击"拼音 9 键"，弹出如图 1.5 所示的键盘输入界面，此界面即为"拼音 9 键"，也被称为"九宫格键"。

图 1.5

1.1.2　认识"拼音 26 键"

　　点击键盘类型图标（图 1.6），弹出键盘类型，选中"拼音键盘"，再点击"拼音 26 键"，弹出如图 1.7 所示的键盘输入界面。

图 1.6

图 1.7

1.1.3 认识"笔画键盘"

点击键盘类型图标（图 1.8），弹出键盘类型，点击界面右侧的"笔画键盘"图标（图 1.9），弹出如图 1.10 所示的笔画键盘界面。

> **提示**
>
> 笔画键盘布局是 1（横）2（竖）3（撇）4（点）5（撇折），若要使用笔画键盘，则必须熟悉汉字以及书写结构，例如上下结构、左右结构等。在手机中输入"请"字时，首先看结构，该字为左右结构，先从左边输入 4（点）5（撇折），右边输入 1（横）1（横）2（竖）1（横）2（竖）5（撇折）1（横）1（横）。

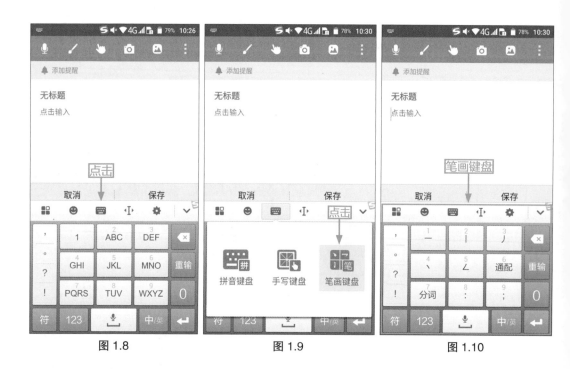

图 1.8　　　　　　图 1.9　　　　　　图 1.10

> **提示**
>
> 5（撇折）在键盘中可作竖弯、横弯、竖弯钩等来使用。

1.2 手写输入文字

点击键盘类型图标（图 1.11），弹出如图 1.12 所示的键盘选择界面；点击"手写键盘"图标，弹出如图 1.13 所示的"手写键盘"界面。

图 1.11　　　　　　　　　图 1.12　　　　　　　　　图 1.13

若需要在"备忘录"中添加表情，增加"备忘录"的娱乐性，则点击键盘中第一栏第二个表情图标（图 1.14），弹出如图 1.15 所示的表情选择界面，点击合适的表情图标即可。

图 1.14　　　　　　　图 1.15

此时选择的表情会显示在"备忘录"正文上，如图 1.16 所示。若要删除该表情图标，则点击第一栏表情右侧的"×"图标，输入内容中表情被删除，如图 1.17 所示。

图 1.16

图 1.17

若要在"备忘录"的标题栏中需要输入一段文字，要求正文与标题栏的文字一样，则点击功能图标（图 1.18），弹出功能选项，点击"全选"图标，同时标题栏中的文字呈现出蓝底黑字，表示文字被选中，如图 1.19 所示。

若要少选几个字，则点击界面底部的选择图标，点击向左边的图标，选中的句子从右向左开始，点击几次，就有几个字被取消选中，如图 1.20 所示。向右边选择同理。

图 1.18

图 1.19

图 1.20

点击功能选项中的"复制"图标，如图 1.21 所示。点击正文栏，直到出现光标，如图 1.22 所示。

图 1.21

图 1.22

再次点击功能图标，弹出功能选项界面，点击"粘贴"图标，如图 1.23 所示。此时，标题栏中的文字复制并粘贴到正文中，如图 1.24 所示。

图 1.23

图 1.24

若要将标题栏中的文字放到正文中去，以便在标题栏中编辑其他文字，则点击功能选项界面中的"全选"图标，文字变成蓝底黑字之后，如图1.25所示。点击"剪切"图标，标题栏中的文字被剪切掉，如图1.26所示。

图1.25 图1.26

点击正文界面，直到出现光标，如图1.27所示。点击功能图标，弹出如图1.28所示的功能选项界面。

图1.27 图1.28

　　点击"粘贴"图标，正文界面中显示出标题栏中的文字，如图 1.29 所示。

　　若要删除正文中的文字，则点击功能选项界面中的"删除"图标，如图 1.30 所示。

图 1.29

图 1.30

　　若要编辑标题栏中的内容，则点击功能选项界面中的向上或向下图标即可。点击向上图标，如图 1.31 所示。标题栏中出现光标，处于编辑状态，在如图 1.32 所示的界面中点击向下图标，则光标会移至正文中。

图 1.31

图 1.32

在使用手写键盘时，若手机屏幕上字的轨迹太细，如图1.33所示。点击键盘第一栏中的齿轮图标（图1.34），弹出如图1.35所示的设置界面；点击"手写设置"图标，弹出如图1.36所示的"手写设置"选项界面。

图1.33

图1.34

"手写设置"界面中"轨迹粗细"用来调节手写字体轨迹的粗细，若蓝色实心圆向右划动，则字体轨迹变粗；若向左划动，则字体轨迹变细；"轨迹颜色"用来调节字体轨迹的颜色，色阶下方显示类似"小房子"图标，"小房子"图标移到某个颜色上，该颜色便是所选中的轨迹颜色。

图1.35

图1.36

蓝色实心圆向右划动，字体轨迹变粗，若要字体轨迹颜色显示为红色，则把"小房子"图标移到红色对应的位置即可，点击"确定"按钮，如图 1.37 所示。返回如图 1.38 所示的正文界面，写出较粗的红色字体轨迹。

图 1.37

图 1.38

若遇到不会读的汉字，则点击"手写设置"选项界面中的"手写注音"图标，右侧的选择框变为蓝底白色对勾，点击"确定"按钮，如图 1.39 所示。在手写汉字时，系统会自动标注汉字拼音，汉字显示界面如图 1.40 所示。

图 1.39

图 1.40

当使用手机键盘快速打字时，有时会多打字母或少打字母，点击设置界面中的"按键音效"图标，每次按键可听到点击声，避免多打或漏打字母。

点击设置界面中的"按键音效"图标（图1.41），弹出"按键音效"选项界面。该界面分为"音量"和"震动"两种形式，若按键盘时需发出声音，则点击"音量"蓝色实心圆，向左音量低，向右音量高，点击"确定"按钮，设置成功，如图1.42所示。

图1.41

图1.42

提示

"震动"和"音量"的设置方法一样。

中老年朋友打字有时离手机较远，当选择要输入的文字时，看着很吃力，如图1.43所示。此时可以通过调整候选字大小使打字不费力。

点击设置界面中的"候选字大小"图标，如图1.44所示。

图1.43

图1.44

弹出"候选字大小"选项界面，蓝色实心圆向右划动，候选字会越大，点击"确定"按钮，如图 1.45 所示。

候选字设置成功，汉字显示界面如图 1.46 所示。

图 1.45

图 1.46

若港、澳、台同胞看不懂简体字，则可设置为繁体字。

点击设置界面中的"繁体输入"图标，如图 1.47 所示。若"繁体输入"图标上方"繁"字右上角显示"on"说明已开启"繁体输入"状态，如图 1.48 所示。

图 1.47

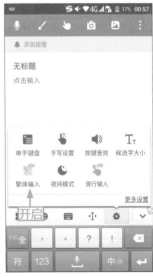

图 1.48

晚上键盘太亮，容易导致视觉疲劳，使用手机键盘的夜间模式看键盘，会更舒服些。

点击设置界面中的"夜间模式"图标，如图 1.49 所示。若"夜间模式"图标右上角显示"on"，说明已开启"夜间模式"状态，如图 1.50 所示。

图 1.49

图 1.50

若常使用手写半屏，点击键盘界面中的"半屏/全"图标（图 1.51），弹出如图 1.52 所示的半屏手写界面，中间的空白界面可以写字。

图 1.51

图 1.52

半屏手写键盘中间四个标点符号是常用标点符号，若需要更多的标点符号，则点击键盘界面中的"符"图标（图 1.53），弹出如图 1.54 所示的"符"界面，其中包含了常用符号、英文符号等。

图 1.53

图 1.54

手写输入时，若遇到需要首字空两格时，可点击"空格"图标，如图 1.55 所示。若需要汉字切换到字母或者字母切换到汉字时，则点击"中 / 英"图标（图 1.56），弹出如图 1.57 所示的字母键盘界面，显示 26 个字母按键。

图 1.55

图 1.56

图 1.57

若需要重新起一行，则点击换行图标，如图 1.58 所示。若需删除输入的汉字，则点击"×"图标，如图 1.59 所示。若要收起键盘，点击齿轮图标旁边的收起图标，如图 1.60 所示。

图 1.58　　　　　　　　图 1.59　　　　　　　　图 1.60

1.3 下载手机软件

点击手机桌面上的浏览器图标（图 1.61），弹出浏览器界面，点击"搜索或输入网址"选项图标，如图 1.62 所示。

提示

每个用户浏览器的图标可能不一样，在这里只要是浏览器即可。

图 1.61

图 1.62

弹出如图 1.63 所示的"搜索或输入网址"界面。在界面顶部的"搜索或输入网址"图标中输入"应用宝"文字，页面自动弹出有关"应用宝"的所有链接，点击"应用宝 -2017 官方版下载"的链接，手机自动下载"应用宝"程序，如图 1.64 所示。

图 1.63

图 1.64

"应用宝"程序下载完成后，点击"安装"按钮，如图 1.65 所示。安装完成后，弹出如图 1.66 所示的完成界面，点击"完成"按钮。

图 1.65

图 1.66

安装完成的"应用宝"
程序显示在手机桌面，点击
"应用宝"图标（图1.67），
弹出"应用宝"首页界面，
该程序可下载所有软件，若
需下载"微信"程序，则点
击"应用宝"主页面顶部的
搜索选项图标（图1.68），
弹出如图1.69所示的软件搜
索界面。

图 1.67

图 1.68

在界面顶部的搜索栏中
输入"微信"文字，搜索栏
下方会弹出下载"微信"程
序的链接，点击该程序对应
的"下载"按钮。"微信"
程序下载完成后，弹出如图
1.70所示的界面，点击"微信"
程序对应的"安装"按钮。

图 1.69

图 1.70

在所弹出的微信程序安装界面，点击界面底部的"下一步"按钮（图 1.71），弹出如图 1.72 所示的界面，点击"安装"按钮。

图 1.71

图 1.72

弹出如图 1.73 所示的微信"正在安装"界面，稍等片刻。安装完成之后，弹出如图 1.74 所示的应用安装完成界面，点击"完成"按钮。此时手机桌面中显示出"微信"图标，如图 1.75 所示。

图 1.73　　　　　　　　　图 1.74　　　　　　　　　图 1.75

提示

在"应用宝"中，可以下载其他所需要的软件，方法与下载微信程序一样。

第 2 章

申请微信账号

2.1 注册微信

2.1.1 认识微信图标

在如图 2.1 所示的手机桌面中，找到已下载的微信图标。

点开微信图标，看到一个人面对着巨大的地球站立的界面，如图 2.2 所示。若手机是刚安装好微信程序，则界面底部会呈现出"登录"和"注册"两个按钮。

图 2.1

图 2.2

2.1.2　认识语言系统

点击启动界面右上角的"语言"选项（图 2.3），弹出如图 2.4 所示的界面，系统自动默认选择的是"跟随系统"选项。点击"保存"按钮后，返回到小人面对地球的界面。

图 2.3

图 2.4

2.1.3 注册微信账号

启动界面底部有"登录"和"注册"两个按钮。若有微信账号，则点击"登录"选项；若没有微信账号，则点击"注册"选项，如图2.5所示。

2.1.4 设置微信昵称与头像

点击"注册"按钮，弹出如图2.6所示的"填写手机号"界面，在此界面中的"昵称"选项后面可输入昵称。

图2.5　　　　　　　图2.6

提示

"昵称"项中，可以填写一个代表自己经历或者性格的名字，也可以填写真实姓名。点击灰色照相机，可以在网上下载一张图片或者把喜欢的照片贴在上面，作为自己的头像。

点击界面中的灰色相机图标，为自己选择一个合适头像（图2.7），弹出如图2.8所示的"图片"界面，每个人手机里的照片都不一样，所以此图仅作为参考示意，从这些照片中选择一幅喜欢的图片作为微信头像。

图2.7　　　　　　　图2.8

选择自己喜欢的一幅图片，点击该图，弹出如图2.9所示的界面，图片中显示出正方形的方框，点击右上角"使用"按钮，图片应用到了微信头像上。

如图2.10所示的界面是微信页面上显示的昵称和头像。

图 2.9　　　　　　　图 2.10

提示

在如图2.9所示的界面中，若照片尺寸小，则会完全显示在方框中；若照片尺寸大，则只有一部分显示在方框中，此时，可以用手指移动正方形内任意部分，会发现图片在方框内是可以移动的，喜欢图片的哪一部分，就可以把该部分移到方框内部。

如图2.11所示的微信聊天界面，是和好友聊天时的昵称和头像。

若要现场拍摄照片，则点击左上角的"拍摄照片"选项，如图2.12所示。

图 2.11　　　　　　　图 2.12

在如图 2.13 所示的拍摄
界面，点击底部的"确定"
按钮，弹出如图 2.14 所示的
界面，点击"使用"按钮。

图 2.13

图 2.14

如图 2.15 所示的界面显示
出现场拍摄的新头像。

微信聊天界面中的新头
像如图 2.16 所示。

图 2.15

图 2.16

2.1.5　设置微信密码

在"国家 / 地区"选项中，手机系统默认的是"中国"，可不做设置，按系统默认即可。在"手机号"选项中填写正确的手机号码；在"密码"选项中填写比较容易记住的密码。

> **提示**
>
> 设置密码可以用姓名的首字母＋手机号＋生日或者自己熟悉的几个纪念日，掐头去尾简单地排列组合，既简单又好记。
>
> 密码不要和银行卡或者存折的密码一样；长度不要低于 8 个字符；尽量包含字母和数字。现在设定的密码就是以后的登录密码，所以一定要记住！

2.1.6　填写手机验证码

设置完以上所有的信息后，点击"注册"按钮，如图 2.17 所示。弹出如图 2.18 所示的"确认手机号码"界面，该界面代表着微信系统已经收到注册微信请求，点击"确定"按钮。

图 2.17

图 2.18

此时，腾讯科技会在手机上发送一条验证码短信，如图 2.19 所示。

将短信中的验证码直接输入手机界面的"验证码"项中，点击"下一步"按钮，如图 2.20 所示。

图 2.19

图 2.20

在如图 2.21 所示的界面点击"好"按钮后，显示出如图 2.22 所示的微信主界面，代表微信注册成功。

图 2.21

图 2.22

2.1.7 手机通讯录中加好友

手机通讯录中的手机号导入微信主界面底部的"通讯录"中，如图 2.23 所示。点击"通讯录"选项，界面顶端所显示"朋友推荐"下方的头像，就是从手机通讯录中导入到微信中的手机号，如图 2.24 所示。

图 2.23

图 2.24

在如图 2.25 所示的通讯录界面中，点击"朋友推荐"下方的任意部分，弹出如图 2.26 所示的界面。每位联系人头像右侧对应一个"添加"按钮，若要添加某人为好友，点击"添加"按钮，如图 2.27 所示。

图 2.25　　　　　　　　　　图 2.26　　　　　　　　　　图 2.27

弹出如图 2.28 所示的"验证申请"界面，在"你需要发送验证申请，等对方通过"选项中，系统会自动填写"我是 ##"。

图 2.28

提示

在"你需要发送验证申请，等对方通过"中，如果想更完整地介绍自己或事由，可以直接在上面输入文字，例如"我是某某，刚才在电话中联系过"等。

在如图 2.29 所示的"验证申请"界面，"为朋友设置备注"选项中，系统默认为手机联系人的微信昵称"丁丁当"。

在"为朋友设置备注"中，自己可以手动改成联系人的真实姓名，方便查找，例如某人在手机通讯录中的名字为"李伟"，微信"为朋友设置备注"中为"丁丁当"，可直接在"为朋友设置备注"中改成"李伟"。

如图 2.30 所示的"验证申请"界面，"设置朋友圈权限"中，若愿意让好友看自己的朋友圈，则不做任何设置。

若由于某些原因加了陌生人为微信好友，则点击"不让他（她）看我的朋友圈"选项右侧对应的按钮，由灰变成绿色即为开启状态，如图 2.31 所示。如图 2.32 所示的界面，表示陌生人无法查看你的朋友圈。

加了陌生人为微信好友，若"不让他（她）看我的朋友圈"不做任何设置，则成为微信好友后，在朋友圈中发布的消息都可以被陌生人查看，这样会使一些不怀好意的陌生人有机可乘。

图 2.29

图 2.30

例如添加某人为微信好友时，"不让他（她）看我的朋友圈"右侧的按钮为灰色，那么成为微信好友之后，在朋友圈中发布关于自己的生活趣事或者照片都可以被好友看到，和好友一起分享生活趣事，让好友更多地了解自己，建议对熟悉的好友可以不做任何设置。

图 2.31

图 2.32

　　设置完成后，点击界面右上角的"发送"按钮，如图 2.33 所示，等待好友的同意。若对方同意添加你为好友，则显示如图 2.34 所示的微信主页面。通讯录界面会显示如图 2.35 所示的好友头像及昵称。

图 2.33

图 2.34

图 2.35

提示

　　如果添加好友未成功，那么微信界面上不会显示其任何信息。

2.2 登录微信账号

找到手机桌面上的微信图标，点击该图标，弹出如图 2.36 所示的界面。

在"密码"项中输入密码，点击"登录"按钮，如图 2.37 所示。

图 2.36

图 2.37

2.3 忘记微信密码

2.3.1 用短信验证码登录

点击手机桌面上的微信图标，出现登录界面，如图 2.38 所示；点击登录界面中的"用短信验证码登录"项，弹出如图 2.39 所示的界面。

图 2.38

图 2.39

2.3.2　输入验证码

点击"获取验证码"（图2.40），弹出如图2.41所示的"确认手机号码"界面，点击"确定"按钮。

图 2.40　　　　　　　　图 2.41

此时，腾讯科技发出一条验证码短信，短信界面如图2.42所示。将验证码输入"验证码"项里，再点击"登录"按钮，如图2.43所示。

图 2.42　　　　　　　　图 2.43

2.3.3 设置新密码

　　"设置密码"界面如图 2.44 所示。填写密码的要求在第 21 页的"2.1 注册微信"中有详细介绍，可以参考。新密码输入完毕后，点击界面中右上角的"完成"按钮，如图 2.45 所示。回到微信主页面，如图 2.46 所示。

图 2.44　　　　　　　　图 2.45　　　　　　　　图 2.46

提示

　　这时，微信系统已默认不用以前的密码，所以界面上会出现"密码"项和"确认密码"项。在"密码"项里要输入新密码，在"确认密码"项里需再次输入一遍"密码"项里的密码。

2.4 切换微信账号

2.4.1 切换账号

打开微信图标，弹出如图 2.47 所示的微信登录界面，该界面右上方显示三个竖点。点击该竖点，微信底部弹出账号管理界面，点击"切换账号"选项，如图 2.48所示。

图 2.47

图 2.48

2.4.2 输入手机号

在如图 2.49 所示的"手机号登录"界面，将手机号输入"手机号"项中。点击"下一步"按钮，如图 2.50 所示。

图 2.49

图 2.50

2.4.3 输入密码

如图 2.51 所示的界面，在"密码"项中填写微信密码。

微信密码是注册时的微信密码，如果修改过密码的话，就是最后一次修改的密码。

点击"登录"按钮（图 2.52），弹出如图 2.53 所示的微信主页面。

图 2.51　　　　　　　　图 2.52　　　　　　　　图 2.53

第 3 章

认识微信界面

3.1 微信聊天主界面

3.1.1 导航操作栏

打开微信程序，进入如图 3.1 所示的微信主界面。在如图 3.2 所示的导航操作栏中，从左向右为当前标题"微信（4）"、搜索按钮和添加按钮，这些按钮在本书后面章节中会详细讲解。

> **提示**
>
> "微信（4）"说明微信聊天主页面中有 4 条未读消息。

图 3.1

图 3.2

3.1.2 功能标签栏

如图 3.3 所示的功能标签栏中，"微信"字体和图标显示绿颜色，说明"微信"图标为当前界面。如图 3.4 所示的界面，当微信图标的右上方以红圆圈作为底色，内部标有白色数字"4"，说明此界面中有 4 条未读消息。

图 3.3

图 3.4

3.1.3 微信聊天界面

如图 3.5 所示的微信主界面中显示出最近互动的一些账号。如图 3.6 所示的界面，例如"益丰大药房"服务号图标的右上角以红圆圈作为底色，内部标有白色数字"1"，说明有一条关于该服务号的消息未读。"订阅号"的右上角显示出红色圆点，说明"订阅号"内容有更新。这些账号在本书后面章节中会详细讲解。

图 3.5　　　　　　图 3.6

3.2 "通讯录"界面

如图 3.7 所示的"通讯录"界面中有四个主要文件夹："新的朋友""群聊""标签"和"公众号"。所有添加的好友是按昵称第一个字的拼音首字母顺序排列的。

提示

在微信主页面找不到好友的时候，可以在"通讯录"里找，如果是第一次在微信中与好友聊天，微信聊天主界面找不到该好友，可以在"通讯录"里查找要找的人。只要是加过微信的好友，都在"通讯录"中。

图 3.7　　　　　　图 3.8

如图 3.8 所示的功能标签栏中，当"通讯录"字体与图标显示绿颜色时，说明"通讯录"是当前界面。

3.2.1 新的朋友

点击"新的朋友"项，如图 3.9 所示。在如图 3.10 所示的"新的朋友"界面中，导航操作栏从左向右为返回按钮、当前标题和"添加朋友"项，点击返回按钮，返回到"通讯录"界面。

图 3.9　　　　　　　　　图 3.10

如图 3.11 所示的导航操作栏中，"新的朋友"为当前标题，"添加朋友"项可添加新的好友。"添加朋友"项在本书后面章节中会详细讲解。

导航操作栏的下方为"搜索"项，可利用好友或陌生人的微信账号、绑定微信的QQ 账号或者绑定微信的手机号查找好友。"搜索"项下方标有"新的朋友"，此项为最近所添加的好友，如图 3.12 所示。

图 3.11　　　　　　　　　图 3.12

3.2.2 群聊

经常使用的微信群可以保存到"群聊"项中，下次查找群时，点击"群聊"项（图3.13），弹出如图 3.14 所示的群聊界面；点击要聊天的群，弹出如图 3.15 所示的该群聊天界面。微信群在本书后面章节中会详细讲解。

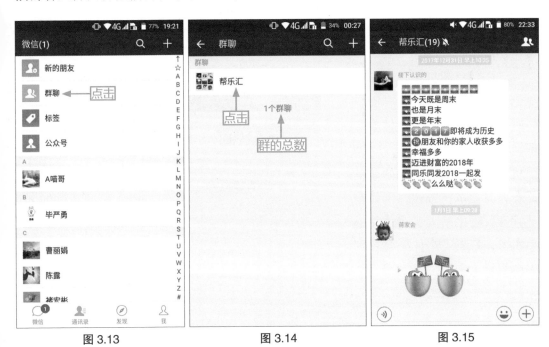

图 3.13   图 3.14   图 3.15

3.2.3 标签

"标签"项是把好友按朋友、同事等进行分类。可以向同一标签内的好友发信息或发布朋友圈，该标签外的好友看不到，点击"标签"项（图 3.16），弹出如图 3.17所示的"所有标签"界面。

图 3.16   图 3.17

如图 3.18 所示的"所有标签"界面，导航操作栏中从左向右开始，向左图标为返回按钮，"所有标签"为当前标题，"新建"按钮为新建好友分组。"新建标签"与"新建"按钮功能相同。

点击"新建标签"按钮，弹出如图 3.19 所示的界面，导航操作栏下端显示"搜索"项，凭借好友微信号 /QQ 号 / 手机号，搜索出已添加的微信好友，方便进行分组，例如在"搜索"项中输入"李伟"的手机号，好友"李伟"会在列表中显示出来。

图 3.18

图 3.19

点击"李伟"右侧的选择框（图 3.20），弹出如图 3.21 所示的"选择联系人"界面，"李伟"的微信头像在"搜索"中显示，说明该好友已被选中，最后点击界面中的"确定"按钮。

图 3.20

图 3.21

此时弹出如图 3.22 所示的"保存为标签"界面，"标签名字"指所选中的微信好友与自己的关系，例如选中的微信好友与自己是朋友关系，在"标签名字"栏中填写"朋友"。

如图 3.23 所示的界面中，"成员"指已选中的微信好友。选中的微信好友右侧显示出"+"图标和"−"图标。

图 3.22

图 3.23

提示

"+"图标说明可以往该标签中增加好友；"−"图标则是在这个标签中多选了好友，需要删除好友。

点击"+"图标，弹出如图 3.24 所示的界面；点击"搜索"项下方显示的"从群里导入"按钮，弹出如图 3.25 所示的界面。

提示

"从群里导入"按钮说明微信群中所加入的成员假如某位或某些群成员与自己是微信好友，则在"保存为标签"界面中全部显示出来。

图 3.24

图 3.25

在如图 3.26 所示的界面，点击微信群"帮乐汇"图标，弹出如图 3.27 所示的界面，说明该群中有一位成员属于你的微信好友。

图 3.26

图 3.27

点击"+"图标，弹出如图 3.28 所示的"选择联系人"界面，每位好友右侧对应一个选择框，点击该选择框，显示出绿底白色对勾即选中状态，而且搜索栏中也显示出好友头像，点击"确定"按钮。成功添加后的界面如图 3.29 所示。

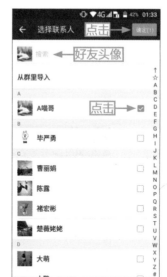

图 3.28

图 3.29

若把不是"朋友"的微信好友添加到该标签内，则可从该标签内删除该好友。点击"−"图标（图 3.30），弹出如图 3.31 所示的界面，每位好友头像左上角均显示出红底实心圆白色"−"图标。

图 3.30

图 3.31

提示

如果删除"朋友"标签中的"李伟"表示该标签中"李伟"被删除，但是在微信"通讯录"中"李伟"还是微信好友。

如图 3.32 所示的界面，从分组中删除某位好友，点击该好友微信头像。成功删除微信好友的界面如图 3.33 所示。

图 3.32

图 3.33

在如图3.34所示的界面，点击好友头像旁边空白处，显示如图3.35所示的常规状态界面。

图 3.34

图 3.35

完成标签设置，点击界面中的"保存"按钮（图3.36），弹出如图3.37所示的"所有标签"界面，"朋友（2）"说明该标签中有两位微信好友。

图 3.36

图 3.37

若把"朋友（2）"标签中的微信好友全部移到其他标签中，则需要先删除该标签。

点击"朋友（2）"标签（图 3.38），弹出如图 3.39 所示的"编辑标签"界面。点击界面下端的"删除标签"按钮，弹出如图 3.40 所示的选项框；点击"删除"按钮，弹出如图 3.41 所示的"所有标签"界面，"朋友（2）"标签被成功删除。

图 3.38

图 3.39

图 3.40

图 3.41

3.2.4 公众号

公众号里乐趣多，闲暇时，看看平时关注的微信公众号，增长见闻。在如图 3.42 所示的界面点击"公众号"项，弹出如图 3.43 所示的"公众号"界面，该界面中的公众号是你平时关注的账号。

"公众号"下方则是按汉语拼音首字母排列的所有微信好友，如图 3.44 所示。若在微信主页面找不到微信好友，则可在"通讯录"里查找。

图 3.42   图 3.43   图 3.44

> **提示**
>
> 微信"通讯录"功能界面中的"公众号"项包括订阅号、服务号和企业号三种类型。订阅号每天可发送一次消息，没有微信官方支付功能，公众号在订阅号的文件夹中，主要用于推送消息；服务号每个月只能发送四次消息，有微信官方支付功能，主要用于服务；企业号主要用于公司内部通信，需要先验证身份才可以成功关注企业号。

3.3 "我"界面

如图 3.45 所示的"我"界面中有六项功能，分别是"钱包""收藏""相册""卡包""表情"和"设置"功能项。

图 3.45

3.3.1 个人信息

点击头像栏任意部分（图 3.46），弹出如图 3.47 所示的"个人信息"界面，在此界面中可以修改头像、昵称等。

图 3.46

图 3.47

3.3.2 钱包

点击"钱包"功能项（图 3.48），弹出如图 3.49 所示的"我的钱包"界面，点击导航操作栏右侧的三个竖点，界面底部弹出如图 3.50 所示的功能框，点击"交易记录"项，弹出如图 3.51 所示的"交易记录"界面，界面中的数据是不同时间通过微信途径以微信红包或其他类型的收入或者支出。

图 3.48

图 3.49

图 3.50

图 3.51

点击导航操作栏中的"筛选"按钮（图 3.52），弹出如图 3.53 所示的"选择交易类型"界面，呈现了以红包、转账或者其他方式进行的收入或者支出类型，系统默认的是"全部"类型。

图 3.52　　　　　　　　图 3.53

如果只查看红包的收入或者支出，点击该界面中的"红包"项（图 3.54），弹出如图 3.55 所示的界面，所有以红包方式的收入或支出一目了然。

图 3.54　　　　　　　　图 3.55

点击"支付管理"项（图 3.56），弹出如图 3.57 所示的"支付管理"界面，界面第一栏是"实名认证"功能项，若没有进行"实名认证"，则微信支付与收取功能将会受限制。点击"实名认证"功能项，弹出如图 3.58 所示的界面；点击"添加银行卡"，弹出如图 3.59 所示的"实名认证"界面；在"卡号"中输入银行卡号，点击"下一步"按钮，弹出如图 3.60 所示的"填写银行卡信息"界面，在相应的位置填写基本信息，点击"下一步"按钮。

图 3.56

图 3.57

图 3.58

图 3.59

图 3.60

　　根据手机号，微信官方将会发一条验证码，短信界面如图3.61所示。在"验证码"项中输入验证码，点击"下一步"按钮（图3.62），弹出如图3.63所示的"设置支付密码"界面；在空格内设置一个安全的密码，点击"下一步"按钮，弹出如图3.64所示的"请再次填写以确认"界面。

图 3.61

图 3.62

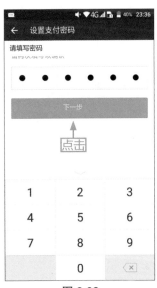

图 3.63

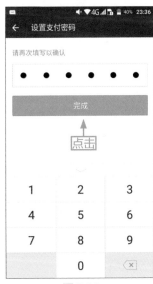

图 3.64

再次输入密码，点击"完成"按钮，弹出如图 3.65 所示的"支付管理"界面，"实名认证"由"立即认证"转变成"已认证"。

该界面中增加了几个功能选项，若要修改支付密码，则点击"修改支付密码"项，弹出如图 3.66 所示的"修改支付密码"界面。

在空格中输入原来设置的密码，弹出如图 3.67 所示的界面；在空格内设置新密码，弹出如图 3.68 所示的界面，再次输入新密码，点击"完成"按钮，密码修改成功。

图 3.65

图 3.66

图 3.67

图 3.68

若设置的密码太多，一时忘记微信支付密码，则点击"忘记支付密码"项，重新设置密码（图 3.69），弹出如图 3.70 所示的"忘记支付密码"界面，点击"请重新绑定银行卡以找回密码"下方一栏。接下来的步骤和"实名认证"的操作一致，可参照"实名认证"进行操作。

图 3.69

图 3.70

"我的钱包"界面中显示出"收付款""零钱"和"银行卡"功能选项。

若出去购物忘记带钱包，则可以使用"收付款"功能向商家付款。点击"收付款"功能选项（图 3.71），弹出如图 3.72 所示的"收付款"界面。

图 3.71

图 3.72

点击"立即开启"按钮，在弹出的如图 3.73 所示的"开启付款"界面中输入支付密码。如图 3.74 所示的界面，显示"收付款"开启成功。

在"向商家付款"的右侧显示出三个竖点，点击三个竖点（图 3.75），弹出如图 3.76 所示的界面，"使用说明"项是对"收付款"这一功能的详细解答；点击"使用说明"项，弹出如图 3.77 所示的"使用说明"界面。

图 3.73　　　　　　　　　图 3.74

图 3.75　　　　　　　图 3.76　　　　　　　图 3.77

　　收到的微信红包或者好友转账的钱都会存在"零钱"中，若要发微信红包或者转账，但"零钱"中的钱又不够，这时，可以点击"零钱"功能按钮（图3.78），弹出如图3.79所示的"零钱"界面；点击"充值"选项，弹出如图3.80所示的"零钱充值"界面。在"金额"项中输入充值金额，点击"下一步"按钮，弹出如图3.81所示的"请输入支付密码"界面，在空格中输入微信支付密码。

图 3.78

图 3.79

提示

　　若要给"零钱"充值，微信必须要绑定银行卡，否则无法充值。

图 3.80

图 3.81

在如图 3.82 所示的"充值成功"界面，点击"完成"按钮。在如图 3.83 所示的界面，点击"零钱"功能按钮，可以查看充值的金额是否正确。

图 3.82

图 3.83

如果收到几个金额较大的微信红包，需把钱存到银行卡中，点击"零钱"功能选项（图 3.84），弹出如图 3.85 所示的"零钱"界面，点击"提现"按钮。

图 3.84

图 3.85

在所弹出的"零钱提现"界面（图 3.86），输入提现金额，点击"提现"按钮，弹出如图 3.87 所示的"请输入支付密码"界面。

图 3.86

图 3.87

在空格中输入支付密码，弹出如图 3.88 所示的"提现详情"界面，点击"完成"按钮。返回到如图 3.89 所示的"我的钱包"界面，"零钱"下方显示的金额为零。

点击"银行卡"功能按钮，弹出如图 3.90 所示的"银行卡"界面，此界面中显示出微信绑定的所有银行卡。

图 3.88　　　　　　　　图 3.89　　　　　　　　图 3.90

3.3.3 收藏

若与好友的微信聊天、朋友圈里发布的文字或者图片比较吸引人，点击"收藏"功能项，即可保存到微信"收藏"中。点击"收藏"功能项（图3.91），弹出如图3.92所示的收藏主界面。

图 3.91

图 3.92

3.3.4 相册

点击"相册"功能项（图3.93），弹出如图3.94所示的"我的相册"界面。

提示

乍一看"我的相册"界面和朋友圈的界面差不多，可是它们的功能却不一样。朋友圈既可以发布文字加图片，也可以发布纯文字；但是"我的相册"只能发布文字和图片，不能发布纯文字。

图 3.93

图 3.94

3.3.5　卡包

　　有些人钱包里放着很多门店的会员卡或者优惠券，在门店消费时还要一张一张地找卡，很是麻烦。微信中的"会员卡"功能，为人们提供了极大的便利。

　　点击"我"界面中的"卡包"功能项（图 3.95），弹出如图 3.96 所示的卡包界面。"会员卡"项是在公众号、小程序或者线下店铺获得的，放入卡包保存和使用。"朋友的优惠券"项是微信好友分享的优惠券。"我的票券"项是自己在微信公众号中获得的优惠券，保存在这里。

图 3.95

图 3.96

3.3.6　表情

　　点击"我"界面中的"表情"按钮（图 3.97），弹出如图 3.98 所示的"表情商店"界面，微信系统默认显示"精选表情"界面，向上划动手机屏幕，显示出更多表情包，对哪一组感兴趣，在相应表情包的右侧点击"下载"按钮即可获取。

图 3.97

图 3.98

点击"表情商店"当前标题栏右侧的齿轮图标（图3.99），弹出如图3.100所示的"我的表情"界面，下载完成的表情保存在该界面中。

图 3.99

图 3.100

若不喜欢系统中的表情包，也可以在浏览器中下载图片，保存到手机图库中。点击"我添加的表情"项，（图3.101），弹出如图3.102所示的"我添加的表情"界面，点击"+"图标。

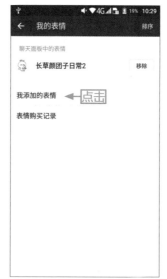

图 3.101

图 3.102

弹出如图 3.103 所示的图片库界面；点击在浏览器中已下载的表情图片，弹出如图 3.104 所示的界面，点击"使用"按钮，表情添加成功，如图 3.105 所示。

図 3.103　　　　　　　　図 3.104　　　　　　　　图 3.105

3.3.7 设置

"设置"功能项主要是对微信的基本信息设置，点击"设置"功能项（图 3.106），弹出如图 3.107 所示的"设置"界面，微信文字的大小、接收消息的提示音等都可以在此界面中设置。

图 3.106

图 3.107

3.4 "搜索"界面

在如图 3.108 所示的微信主页面，点击导航操作栏中的"搜索"图标，弹出如图 3.109 所示的搜索界面。

图 3.108

图 3.109

如果要查找公众号，首先点击界面中的绿色"公众号"字体，弹出如图 3.110 所示的公众号界面；输入要查找的公众号名称，界面空白处会弹出公众号的链接，点击该链接，弹出公众号的详细资料，包括"功能介绍""客服电话"等，若要关注此账号，则点击界面下端的"关注"按钮，如图 3.111 所示。搜索其他内容，和搜索公众号的方法一样。

图 3.110

图 3.111

第 4 章

设置微信信息

4.1 个人信息设置

4.1.1 头像设置

点击如图 4.1 所示的头像栏中任意部分，弹出如图 4.2 所示的"个人信息"界面。

图 4.1

图 4.2

点击头像图片，弹出如图 4.3 所示的"头像"界面，导航操作栏右侧显示三个竖点，点击该竖点，弹出如图 4.4 所示的图片选项，点击"从手机相册选择"选项。

图 4.3

图 4.4

　　弹出如图 4.5 所示的图片界面，点击喜欢的图片作为新头像。在如图 4.6 所示的界面，手指移动正方形内任意部分，图片在方框内是可以移动的，喜欢图片的哪一部分，就可以把图片的哪一部分移到方框内部，点击"使用"按钮，弹出如图 4.7 所示的"个人信息"界面，头像更改成功。

> **提示**
>
> 　　如果不喜欢手机图库里的图片，还可以现场拍摄，操作方法可参照第 22 页的"2.1.4　设置微信昵称与头像"进行操作，这里就不详述。

图 4.5

图 4.6

图 4.7

4.1.2 昵称设置

点击如图 4.8 所示的"昵称"项，弹出如图 4.9 所示的"更改名字"界面，在修改昵称中输入喜欢的名字，点击"保存"按钮，弹出如图 4.10 所示的"个人信息"界面，显示昵称更改成功。

图 4.8

图 4.9

图 4.10

4.1.3 二维码名片

若想快速添加好友，则可扫一扫对方的微信二维码。在对方的微信中，点击如图 4.11 所示"个人信息"界面中的"二维码名片"，弹出如图 4.12 所示的"二维码名片"界面，用你的微信扫一扫该二维码即可添加对方为好友。

图 4.11

图 4.12

4.1.4　更多

点击如图 4.13 所示"个人信息"界面中的"更多"选项，弹出如图 4.14 所示的"更多信息"界面，在此界面中可修改"性别""地区""个性签名"等信息。

图 4.13　　　　　　　　图 4.14

4.1.5　我的地址

若想通过微信渠道在网上购物，在"个人信息"界面中需要填写明确的收货地址。在如图 4.15 所示的"个人信息"界面中，点击"我的地址"选项，弹出如图 4.16所示的"我的地址"界面，在此界面中点击"+"图标。

图 4.15　　　　　　　　图 4.16

弹出如图 4.17 所示的"新增地址"界面，输入详细信息，输入完毕后，点击"保存"按钮。弹出如图 4.18 所示的"我的地址"界面，此界面中显示出个人信息。

图 4.17

图 4.18

4.2 其他信息设置

4.2.1 "新消息提醒"界面

在如图 4.19 所示的界面中点击"设置"功能项，弹出如图 4.20 所示的"设置"界面；点击"新消息提醒"项，弹出如图 4.21 所示的"新消息提醒"界面，此界面中的选项系统默认全部打开，不需处理。

图 4.19

图 4.20

图 4.21

4.2.2　"勿扰模式"界面

　　点击"勿扰模式"项（图 4.22），弹出如图 4.23 所示的"勿扰模式"界面。此界面中，"勿扰模式"项右侧以灰底白色圆圈呈现，说明当前"勿扰模式"为关闭状态。

图 4.22

图 4.23

　　点击白色圆圈，向右划动，直到底色由灰变为绿色，说明"勿扰模式"已开启，如图 4.24 所示。此时"勿扰模式"栏下方弹出"开始时间"和"结束时间"两个选项，如图 4.25 所示。

图 4.24

图 4.25

在如图 4.26 所示的界面中，点击"开始时间"项，弹出如图 4.27 所示的时钟界面。在此界面中选择从几点开始不想被微信打扰，点击"确定"按钮。

图 4.26

图 4.27

在如图 4.28 所示的界面中点击"结束时间"，弹出如图 4.29 所示的时钟界面，在此界面中选择到几点可查看微信消息，点击"确定"按钮。

提示

"勿扰模式"开启后，在设定时间段内收到新消息时不会响铃或者震动。

图 4.28

图 4.29

4.2.3 "聊天"界面

点击"聊天"项（图4.30），弹出如图4.31所示的"聊天"界面，"使用听筒播放语音"和"回车键发送消息"均为微信系统默认的关闭状态，不需处理。

图 4.30

图 4.31

在使用微信与好友聊天时，聊天背景可按个人喜好进行设置，以增加聊天趣味性。点击"聊天背景"项（图4.32），弹出如图4.33所示的"聊天背景"界面，在该界面中点击"从相册中选择"项。

图 4.32

图 4.33

弹出如图 4.34 所示的"图片"界面，点击喜欢的图片，弹出如图 4.35 所示的界面，点击"使用"按钮，聊天背景设置成功。此时，可返回如图 4.36 所示的好友聊天界面中查看效果。

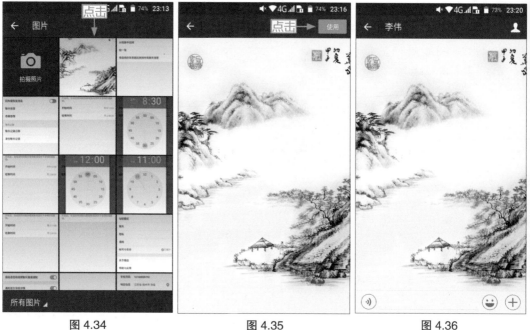

| 图 4.34 | 图 4.35 | 图 4.36 |

"表情管理"项在第 59 页的"3.3.6 表情"功能中有详细介绍，可参照此章节进行操作。

更换新手机后，需重新下载微信，此时微信里的聊天记录全部清空，若微信聊天中含有重要信息并且没有保存，将会很麻烦。点击"聊天记录迁移"项（图 4.37），弹出如图 4.38 所示的"聊天记录迁移"界面，点击"选择聊天记录"按钮。

图 4.37

图 4.38

弹出如图 4.39 所示的"选择聊天记录"界面，可选一位或多位好友的聊天记录进行迁移，点击"A 喵哥"右侧的选择框，出现绿底白色对勾，即选中状态，点击"完成"按钮，弹出如图 4.40 所示的"聊天记录迁移"界面，提示用另一台设备登录此账号后扫描二维码。

另一设备扫描完之后，弹出如图 4.41 所示的界面，说明聊天记录已迁移成功。

图 4.39　　　　　　　　　　图 4.40　　　　　　　　　　图 4.41

当与微信好友的聊天记录太多，导致手机反应过慢时。可以点击"清空聊天记录"项（图 4.42），弹出如图 4.43 所示的界面，点击"清空"选项。此时，与微信好友的聊天记录将全部清空。

图 4.42　　　　　　　　　　图 4.43

4.2.4 "隐私"界面

"微信"空间较虚拟，个人隐私需保密，以防被心怀不轨之人利用。

点击"隐私"项（图4.44），弹出如图4.45所示的"隐私"界面。此界面中，大部分功能选项含有标注，在此主要讲的是"不让他（她）看我的朋友圈"功能选项，点击该功能项，弹出如图4.46所示的"朋友圈黑名单"界面。

图 4.44

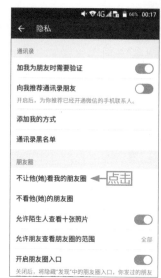

图 4.45

若不想让某些微信好友查看自己的朋友圈，则点击"+"图标,弹出如图4.47所示的"选择联系人"界面，每位微信好友右侧均对应着一个选择框，添加哪一位好友，就点击该选择框，直到显示出选中状态。

图 4.46

图 4.47

选择完毕，点击"确定（1）"按钮（图 4.48），弹出如图 4.49 所示的"朋友圈黑名单"界面，点击"完成"按钮，朋友圈黑名单添加成功。

图 4.48

图 4.49

若希望"朋友圈黑名单"界面中的好友看到自己的朋友圈，则点击"–"图标（图 4.50），弹出如图 4.51 所示的界面，点击好友头像。

如图 4.52 所示的界面，微信好友头像消失，点击"完成"按钮，成功地把好友从"朋友圈黑名单"界面中移出来。"不看他（她）的朋友圈"项的操作和此操作类似。

图 4.50　　　　　　　　　图 4.51　　　　　　　　　图 4.52

4.2.5 "通用"界面

与好友聊天时，界面上密密麻麻的文字，容易使人产生视觉疲劳。点击"通用"项（图4.53），弹出如图4.54所示的"通用"界面，点击"字体大小"项。

图 4.53

图 4.54

弹出如图4.55所示的"字体大小"界面，界面底部显示出圆形滑块，微信系统默认滑块在标准字体上。点击滑块向左拖动，如图4.56所示，字体变小；点击滑块向右拖动，如图4.57所示，字体变大。

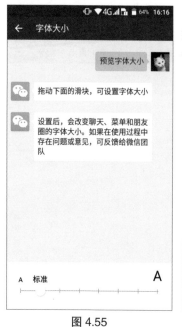

图 4.55

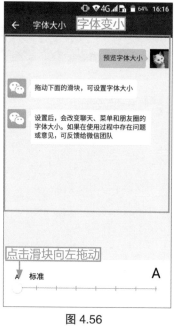

图 4.56

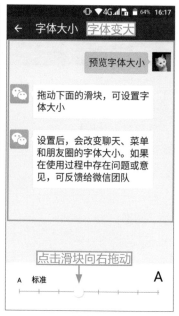

图 4.57

> **提示**
>
> 微信中的"字体大小"功能，只对微信上的字体产生作用，对其他 APP 中的字体不起作用。

4.2.6 "账号与安全"界面

点击"账号与安全"项（图 4.58），弹出如图 4.59 所示的"账号与安全"界面，"账号"下方显示"微信号""QQ号""手机号"和"邮件地址"。

图 4.58

图 4.59

以绑定 QQ 号为例，点击如图 4.60 所示的"QQ 号"项，弹出如图 4.61 所示的"绑定 QQ 号"界面，点击"开始绑定"按钮。

图 4.60

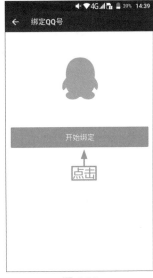

图 4.61

弹出如图 4.62 所示的"验证 QQ 号"界面，按要求输入自己的 QQ 号和 QQ 密码，点击"完成"按钮。弹出如图 4.63 所示的提示框，点击"确定"按钮。

QQ 号成功绑定，"账号与安全"界面如图 4.64 所示。

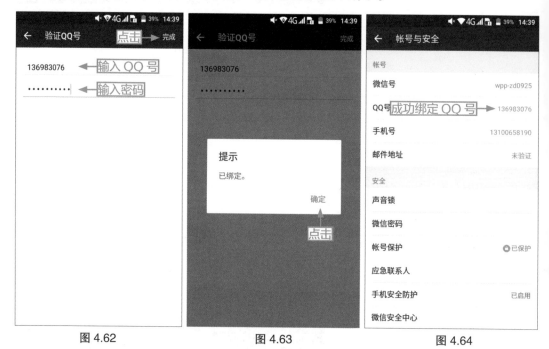

图 4.62　　　　　　　　图 4.63　　　　　　　　图 4.64

提示

绑定手机号和绑定 QQ 号的操作类似。

若记不住微信登录密码，则可在"声音锁"项中用声音做一把锁。点击"声音锁"项（图 4.65），弹出如图 4.66 所示的"声音锁"界面，点击"创建"按钮。

图 4.65

图 4.66

　　弹出如图 4.67 所示的界面，该界面中显示出一串数字，按住下方绿底 6 个白色实心点读取该数字，弹出如图 4.68 所示的"已完成第一步，请继续"界面；点击"下一步"按钮，弹出如图 4.69 所示的界面；再次按住下方的绿底 6 个白色实心点读取显示的一串数字，弹出如图 4.70 所示的"声音锁制作完成"界面，点击"尝试解锁"按钮。

图 4.67

图 4.68

图 4.69

图 4.70

弹出如图 4.71 所示的界面，按住下方的绿底 6 个白色实心点再次读取显示的一串数字，弹出如图 4.72 所示的"声音验证通过"界面，点击"完成"按钮，声音锁制作成功。

图 4.71

图 4.72

退出微信，重新登录，显示如图 4.73 所示的登录界面，点击"用声音锁登录"按钮。在如图 4.74 所示的界面，按住绿底 6 个白色实心点，读取显示出的一串数字。

图 4.73

图 4.74

成功登录微信的界面如图 4.75 所示。

如果需要修改密码，点击如图 4.76 所示的"微信密码"项，弹出如图 4.77 所示的界面，输入原来的微信密码，点击"确定"按钮，弹出如图4.78所示的"设置密码"界面，按要求输入新密码，点击"完成"按钮，密码设置成功。

图 4.75

图 4.76

图 4.77

图 4.78

若忘记微信密码，在使用邮箱和 QQ 找寻失败的情况下，点击"应急联系人"项（图 4.79），弹出如图 4.80 所示的"应急联系人"界面，界面下方显示"+"图标，此图标可添加联系人。

图 4.79

图 4.80

点击"+"图标，弹出如图 4.81 所示的"选择联系人"界面，每位好友头像的右侧均对应一个选择框，需要选择哪位好友作为应急联系人，则点击相应的选择框，直到显示绿底白色对勾。选择完毕后，点击界面中的"确定"按钮，弹出如图 4.82 所示的"应急联系人"界面，若需添加联系人，则点击头像右侧的"+"图标，若需删除某位应急联系人，则点击右侧的"−"图标，设置完成后点击"完成"按钮。

> **提示**
>
> 应急联系人最好选择 3 位以上，当有好友的电话打不通时，可以求助其他好友。

图 4.81

图 4.82

4.2.7　"帮助与反馈"界面

若遇到微信中的其他问题，则点击"帮助与反馈"项（图 4.83），弹出如图 4.84 所示的"帮助与反馈"界面，该界面中显示了很多热点问题可供参考。

图 4.83

图 4.84

4.2.8　"退出"按钮

若要退出微信，则点击"退出"项（图 4.85），弹出如图 4.86 所示的选项框，点击"退出当前账号"项。

图 4.85

图 4.86

弹出如图 4.87 所示的界面，点击"退出"按钮，弹出如图 4.88 所示的界面，此界面可以继续登录其他账号。

图 4.87　　　　　　图 4.88

若点击"关闭微信"选项（图 4.89），则会弹出如图 4.90 所示的手机桌面。

图 4.89　　　　　　图 4.90

4.3 常见问题

问：微信号可以修改吗？

答：微信号是可以修改的，但是每个微信第一次成功注册并登录后，系统会自动分发一个默认的微信号，如果当时没有改过默认的微信号，那么默认微信号将有一次修改机会。微信号是不能修改第二次的，请珍惜修改机会。

问：微信中绑定 QQ 号和手机号有什么作用？

答：绑定 QQ 号的作用：第一，在登录微信时，可以使用 QQ 号登录；第二，可以方便添加 QQ 号里已经开通微信的好友；第三，其他人可以通过 QQ 号搜索到你；第四，可以在微信中接收到 QQ 离线消息；第五，可以把微信朋友圈中发的消息同步到 QQ 空间。

绑定手机号的作用：第一，在登录微信时，可以使用手机号登录；第二，若忘记微信密码，可以用手机验证码验证并找回密码；第三，可以把手机通讯录里的好友添加到微信中。

所以绑定 QQ 号和手机号很重要。

问：当退出微信时，会弹出选择框，其中有两个选项，分别是"退出当前账号"和"关闭微信"，这两个选项有什么区别？

答："退出当前账号"表示完全退出微信、微信账号注销或者是切换到其他账号登录，在手机桌面上点击微信图标，需要再次输入账号和密码，才可以登录。

"关闭微信"表示关闭微信后，接收不到任何新的消息，但是没有退出微信，点击手机桌面上的微信图标，不需要再次输入账号和密码，就可以进入微信，此时才接收到新的微信消息。

第 5 章

添加微信朋友

5.1 使用微信号 /QQ 号 / 手机号加好友

5.1.1 使用微信号加好友

　　每个微信都存在微信账号，在如图 5.1 所示的个人信息栏中显示出微信账号。知道好友的微信账号后，点击导航操作栏中的"+"图标（图 5.2），弹出如图 5.3 所示的界面；点击"添加朋友"项，弹出如图 5.4 所示的"添加朋友"界面，点击该界面中显示的"搜索"图标。

图 5.1

图 5.2

图 5.3

图 5.4

弹出如图5.5所示的界面，输入好友微信账号，此时在界面空白处弹出好友微信账号链接；点击该链接，弹出如图5.6所示的"详细资料"界面；点击"添加到通讯录"按钮，弹出如图5.7所示的"验证申请"界面。此操作步骤可参照第26页的"2.1.7 手机通讯录中加好友"进行操作。

图5.5

图5.6

5.1.2 使用 QQ 号和手机号加好友

如图5.8所示的界面中，通过 QQ 号和手机号添加微信好友与通过微信账号添加好友的操作类似，但在"搜索"项中，需输入好友的 QQ 号或者手机号。

图5.7

图5.8

提示

　　通过 QQ 号或者手机号添加好友，必须确保好友的微信绑定了 QQ 号或者手机号，否则微信系统搜索不到该好友。

　　若添加好友时，该好友的微信号、QQ号或者手机号均搜索不到，则通知好友查看以下功能是否开启；点击"设置"功能（图5.9），弹出如图5.10所示的"设置"界面，点击"隐私"项，弹出如图5.11所示的"隐私"界面；点击"添加我的方式"项，弹出如图5.12所示的界面。在该界面中查看"微信号""手机号"和"QQ号"是否开启。

图 5.9

图 5.10

　　若没开启以上选项，则搜索不到好友账号，需点击"微信号""手机号"和"QQ号"右侧对应的按钮，直到按钮从灰色变为绿色，即开启状态，如图5.13所示。

图 5.11　　　　　　　　　　图 5.12　　　　　　　　　　图 5.13

5.2 雷达加好友

点击"+"图标（图5.14），弹出如图5.15所示的选项框；点击"添加朋友"项，弹出如图5.16所示的"添加朋友"界面；点击"雷达加朋友"项，弹出如图5.17所示的界面，点击好友头像。

图 5.14

图 5.15

提示

雷达加好友必须与好友同时开启"雷达加朋友"项，通过声波搜索到彼此的账号，才可添加好友。

图 5.16

图 5.17

弹出如图 5.18 所示的界面，点击"设置备注名"，弹出如图 5.19 所示的界面，输入名称后点击"确定"按钮，弹出如图 5.20 所示的界面。

图 5.18

图 5.19

点击"加为好友"按钮，等待好友添加。添加成功后，在如图 5.21 所示的"微信"界面，点击好友的"个人微信账号"，弹出如图 5.22 所示的与好友聊天界面。

图 5.20

图 5.21

图 5.22

5.3 扫一扫二维码加好友

5.3.1 扫码加好友

在如图 5.23 所示的"添加朋友"界面，点击"扫一扫"项，弹出如图 5.24 所示的"二维码 / 条码"界面，该界面为微信系统默认的"扫码"状态。

图 5.23　　　　　　　　图 5.24

将好友微信的二维码放入扫描框中（图 5.25），当发出"嘀"的声音时，表示扫码成功，同时弹出如图 5.26 所示的"详细资料"界面。点击"添加到通讯录"按钮，弹出如图 5.27 所示的界面，此时可参照"2.1.7　手机通讯录中加好友"进行操作。

图 5.25　　　　　　　　图 5.26　　　　　　　　图 5.27

5.3.2 从相册选取二维码

　　若好友不在旁边，手机相册中恰巧保存了好友的二维码图片，则点击界面中的三个竖点，如图 5.28 所示。界面底部弹出如图 5.29 所示的选项框，点击"从相册选取二维码"项，弹出如图 5.30 所示的界面。

图 5.28

图 5.29

　　点击二维码图片，微信系统自动识别该二维码，弹出如图 5.31 所示的"详细资料"界面，点击"打招呼"按钮。

图 5.30

图 5.31

弹出如图 5.32 所示的"打招呼"界面，按照该界面要求填写内容，点击"发送"按钮，等待好友添加。添加成功后，如图 5.33 所示的"微信"界面中会显示好友个人微信账号。

图 5.32

图 5.33

5.4 添加手机联系人

若要添加手机联系人为微信好友，则点击"添加朋友"界面中的"手机联系人"项（图 5.34），弹出如图 5.35 所示的界面。此界面中，部分手机联系人右边对应着"添加"按钮，说明没有添加此好友为微信好友。点击"添加"按钮，弹出如图 5.36 所示的"验证申请"界面，可参照"2.1.7　手机通讯录中加好友"进行操作。

图 5.34

图 5.35

图 5.36

5.5 添加公众号

点击界面中的"公众号"项（图 5.37），弹出如图 5.38 所示的界面，在"搜索"图标中输入公众号名称，界面空白处弹出公众号链接，点击该链接，弹出如图 5.39 所示的界面。

图 5.37

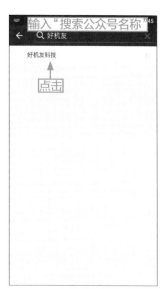

图 5.38

点击公众号"好机友摄影"，弹出如图 5.40 所示的界面，点击"关注"按钮。关注成功后，弹出如图 5.41 所示的界面。

图 5.39

图 5.40

图 5.41

5.6 常见问题

问：个人微信账号可以作为微信公众账号使用吗？

答：个人微信账号不可以作为微信公众账号使用。因为两者的社交圈不同，个人微信账号用于个人的人际社交关系，可通过微信号、手机号或者 QQ 号加好友，使用文字、语音或者视频交流。公众账号包括人际关系在内的更大的社交圈。所以个人微信账号仅为个人使用，如需要公众账号，还需重新申请。

问：微信添加好友提示发送失败，为什么？

答：如果添加好友时被提示发送失败，首先应检查手机连接网络是否正常，如果正常，查看网速是否太慢，如果网速太慢，建议使用无线网络；其次，好友可能把"我"→"设置"→"隐私"→"添加我的方式"→"可通过以下方式搜索到我"栏中的"微信号""手机号"和"QQ 号"处于未开启状态，如未开启，可通知好友将其开启；再次，微信可能出错，退出当前微信，尝试重新启动。

问：微信雷达加好友时，雷达一直在响，却搜索不到好友，怎么回事？

答：雷达一直响说明处于工作状态，如果搜索不到好友，第一，可能是距离原因，雷达加好友距离一般要小于 5 米，距离太远雷达搜索不到好友信息；第二，网络的强弱也会影响雷达搜索，建议使用无线网络；第三，可能是雷达搜索出现故障，退出微信，尝试重新启动。

第 6 章

使用微信聊天

6.1 微信聊天界面

6.1.1 聊天列表

点击"微信"主页面中"个人微信账号"显示出红底白色数字的实心圆，说明有未读消息（图6.1），弹出如图6.2所示的聊天界面。该界面导航操作栏中从左向右为"返回"按钮、"当前好友名称"和"聊天信息设置"按钮。

图6.1

图6.2

6.1.2 "个人聊天信息设置"键

点击聊天界面中的"个人聊天信息设置"按钮（图6.3），弹出如图6.4所示的"聊天信息"界面。此界面可设置与当前好友的聊天信息，若需与多位微信好友聊天，点击"+"图标。

图6.3

图6.4

弹出如图 6.5 所示的界面，点击好友头像右侧对应的选择框，变为绿底白色对勾即选中状态，点击"确定"按钮，弹出如图 6.6 所示的"群聊"界面。

图 6.5

图 6.6

若要查询聊天中的某些重要信息，则点击界面中的"查找聊天记录"项（图6.7），弹出如图 6.8 所示的界面，在"搜索"栏中输入关键字或者按照界面中绿色字体的指定范围进行搜索与好友的聊天信息。

图 6.7

图 6.8

若经常与某位好友微信聊天，则点击界面中的"置顶聊天"对应的按钮，直到按钮由灰变绿开启状态，如图 6.9 所示。如图 6.10 所示的微信主页面，该好友的个人微信账号将一直处于页面顶部。

图 6.9

图 6.10

如果不想接收某位微信好友的消息，点击界面中的"消息免打扰"对应的按钮，直到按钮由灰变绿开启状态，如图 6.11 所示。如图 6.12 所示的聊天界面中，当前好友名称旁边显示消息免打扰图标。

提示

打开"消息免打扰"，对方发来信息时，没有提示音，但对方发来的信息还是可以看到的。

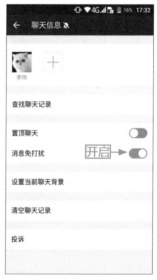

图 6.11

图 6.12

在使用微信与好友聊天时，聊天背景可按个人喜好选择，以增加聊天趣味性。点击界面中的"设置当前聊天背景"项（图6.13），弹出如图6.14所示的"聊天背景"界面，点击"选择背景图"项，将显示微信系统中自带的背景图。

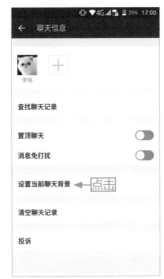

图 6.13

图 6.14

弹出如图6.15所示的"选择背景图"界面，点击合适的图片，弹出如图6.16所示的聊天界面，此时该界面的背景已转换成所选择的图片。

提示

选择的图片中，有一部分是未下载的图片，若要使用未下载的图片作为背景图，需点击下载该图片。

图 6.15

图 6.16

若要用非系统自带的图片，需点击"从相册中选择"项或者"拍一张"项，可参照"2.1.4 设置微信昵称与头像"进行操作。

若与好友聊天的文字、语音或者视频过多，容易占用手机内存，从而降低手机的运行速度。点击界面中的"清空聊天记录"项（图6.17），弹出如图6.18所示的选项框，点击"清空"按钮。

图 6.17

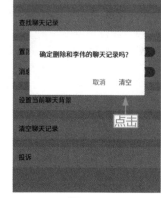

图 6.18

提示

在清空微信聊天记录时，要确保聊天记录中没有重要信息。

通常情况下，好友的头像以及所发信息在聊天界面左侧，自己头像以及所发信息在聊天界面右侧，如图6.19所示。

图 6.19

6.1.3 通讯录中找好友

当微信主页面中无法找到某位好友时，则点击"通讯录"界面，在此界面中查找微信好友，如图6.20所示。

图 6.20

弹出如图 6.21 所示的"详细资料"界面，点击"发消息"按钮，弹出如图 6.22 所示的聊天界面，成功找出微信好友。

图 6.21

图 6.22

6.2 发送语音

如图 6.23 所示的聊天界面中，界面底部的功能图标从左向右依次为：发送语音消息、文本输入框、发送表情以及更多功能。

若接收到好友的语音消息时，该界面左侧显示数字"3"，说明该语音消息时长为 3 秒，旁边显示红色圆点，说明该好友语音消息未读，如图 6.24 所示。

图 6.23

图 6.24

点击聊天界面中好友发来的语音消息，此时红色圆点消失，说明该语音消息已读取，如图 6.25 所示。

6.2.1 点击"语音"按钮

如果不熟悉手机打字，但想要使用微信给好友发送信息，可点击界面中的发送语音按钮，如图 6.26 所示。

图 6.25

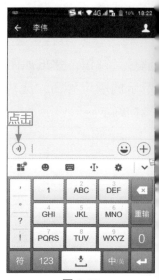

图 6.26

6.2.2 点击"按住说话"按钮

如图 6.27 所示的聊天界面中，点击"按住说话"按钮，直到屏幕上显示出话筒图标，右侧显示音量指示条，此时嘴巴靠近界面中的话筒图标说话。如图 6.28 所示的聊天界面中，当说话时音量指示条显示出上下跳动，说明系统正在接收说话者的信息。

图 6.27

图 6.28

输入完毕，手指松开，此时录音结束，消息将自动发送给好友。如果语音消息旁边显示出"4"，说明说话时长为 4 秒，如图 6.29 所示。

6.2.3　取消发送语音

若要取消发送语音消息，则"按住说话"的手指不要离开屏幕，向上滑，方可取消该语音消息，如图 6.30 所示。

4 秒的语音消息

图 6.29

图 6.30

6.2.4　收听和收藏语音消息

若在公共场所与好友语音聊天，为避免影响他人，可长按语音消息（图 6.31），弹出如图 6.32 所示的选项框，点击"使用听筒模式"项。

长按语音消息

图 6.31

使用听筒模式 ← 点击

收藏

撤回

转换为文字（仅普通话）

更多

图 6.32

如图 6.33 所示的聊天界面中显示出耳朵的图标，此时听语音消息时，需将耳朵靠近手机（类似接听电话）。若好友发送的语音消息较重要，点击"收藏"项，如图 6.34 所示，以后可在"我的收藏"界面中找到该语音消息。

图 6.33

图 6.34

6.2.5 撤回语音消息

若发送给好友的语音消息有误，点击"撤回"项，如图 6.35 所示。此时如图 6.36 所示的界面中，会显示一条"你撤回了一条消息"说明。

提示

　　语音消息发出去 2 分钟内才可撤回，超过 2 分钟则无法撤回。

图 6.35

图 6.36

6.2.6　将语音转换成文字

若在嘈杂的环境中，听不清楚好友发送的语音消息，则点击"转换为文字"项，如图 6.37 所示。转换成文字后的消息界面如图 6.38 所示。

图 6.37　　　　　　　　图 6.38

6.3 发送文字和表情

点击文本输入框，如图 6.39 所示。在如图 6.40 所示的界面文本框中显示出光标，界面底部弹出手机键盘，输入文字信息，点击"发送"按钮。

发出消息后的聊天界面如图 6.41 所示。

图 6.39

图 6.40

图 6.41

若要将好友发送的微信消息以短信方式转发给其他好友，则长按该好友的微信消息（图6.42），弹出如图6.43所示的选项框，点击"复制"选项。

图 6.42

图 6.43

返回如图6.44所示的手机桌面，点击短信图标。弹出如图6.45所示的"通知"界面，点击写短信图标。

图 6.44

图 6.45

弹出如图 6.46 所示的"新建信息"界面，长按"输入内容"框，弹出"粘贴"按钮，点击该按钮。此时，微信好友的信息已复制在"输入内容"框中，如图 6.47 所示。

提示

　　微信信息可以用同样的方法复制到备忘录、QQ 号中去。

图 6.46　　　　　　　图 6.47

若要将微信好友发送的消息转发给其他微信好友，则点击"发送给朋友"项（图 6.48），弹出如图 6.49 所示的"选择"界面，点击"创建新聊天"项。

图 6.48　　　　　　　图 6.49

弹出如图 6.50 所示的"选择联系人"界面，每位好友右侧对应着一个选择框，点击需要转发好友的选择框，直到显示绿底白色对勾即选中状态。最后点击界面中的"确定"按钮，如图 6.51 所示。

图 6.50

图 6.51

弹出如图 6.52 所示的界面，在"给朋友留言"处，填写内容，点击"发送"按钮。此时的微信界面上会显示已发送好友的信息，如图 6.53 所示。

图 6.52

图 6.53

若好友发送英文消息，很难读懂，可点击"翻译"项，如图6.54所示。如图6.55所示的界面，已翻译出好友发送的英文消息。

图 6.54

图 6.55

当微信聊天时，可在聊天界面中添加丰富的表情，使聊天界面更加活跃，点击界面中的表情按钮（图6.56），弹出如图6.57所示的表情界面。

提示

在"3.3.6　表情"中下载的表情，都可以在这里找到。

图 6.56

图 6.57

在如图 6.58 所示的表情界面中选择表情图标，点击"发送"按钮。已发送的表情消息会在聊天界面上显示，如图 6.59 所示。

图 6.58

图 6.59

6.4 发送图片

点击"+"图标（图 6.60），弹出如图 6.61 所示的功能界面，点击"相册"项。

图 6.60

图 6.61

弹出如图 6.62 所示的"图片和视频"界面，点击需发送的图片，可选择多张图片，点击"确定"按钮。系统自动将图片发送给好友，弹出的聊天界面如图 6.63 所示。

图 6.62

图 6.63

6.5 现场拍摄图片和小视频

若不满意"图片和视频"界面中的图片或者视频，则可现场拍摄。点击"拍摄"项（图 6.64），弹出如图 6.65 所示的拍摄界面，点击该界面右上角的照相机图标可以切换摄像头（手机前面或后面的摄像头），可自拍也可拍其他物体。

图 6.64

图 6.65

如图 6.66 所示，界面底部的白色实心圆为拍摄快门按钮，轻点该按钮为拍摄照片，长按该按钮为拍摄视频。

若满意拍摄的照片，则点击界面中的"使用"按钮。若不满意该照片，则点击"返回"按钮，如图 6.67 所示。

点击"使用"按钮，系统将照片自动发送给好友，如图 6.68 所示。

图 6.66

图 6.67

图 6.68

提示

发送视频与发送图片的操作方法是一样的。该功能只可发送实时录制的图片或者视频，对于微信好友拍摄的图片或者视频只能收藏不能保存。拍摄的视频时间较短，一般为 10 秒左右，所以在拍摄视频时，需要把握好时间。

6.6 视频聊天和语音聊天

点击"视频聊天"项（图6.69），弹出如图6.70所示的选项框；点击"视频聊天"项，弹出如图6.71所示的视频聊天界面，等待好友接受邀请。若好友没有接受邀请，则点击界面底部的红色挂断按钮，如图6.72所示。

图 6.69

图 6.70

图 6.71

图 6.72

若好友不方便视频，则可点击"切到语音聊天"项，（图6.73），弹出如图6.74所示的语音聊天界面。若好友没有接受邀请，则点击界面底部红色挂断按钮。

图 6.73　　　　　　　图 6.74

6.7 发位置

点击"位置"项(图6.75)，弹出如图6.76所示的选项框，点击"发送位置"项。

图 6.75　　　　　　　图 6.76

弹出如图 6.77 所示的"位置"界面，该界面中显示出所在位置的环境。若搜索"天安门广场"，则点击界面中的搜索图标，弹出如图 6.78 所示的界面，在搜索栏中输入"天安门"，点击"搜索"按钮。

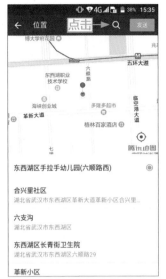

图 6.77

图 6.78

如图 6.79 所示的界面中，显示出关于"天安门广场"的所有链接，点击"天安门广场"链接，弹出如图 6.80 所示的"天安门广场"具体位置。

图 6.79

图 6.80

若要恢复到当前位置，则点击地图左下角的"恢复实时位置"，如图 6.81 所示。

如图 6.82 所示的界面中，地图恢复到当前位置。

图 6.81

图 6.82

点击界面中的"发送"按钮，可以把具体位置发送给好友，如图 6.83 所示。

如图 6.84 所示的聊天界面显示出个人位置信息。

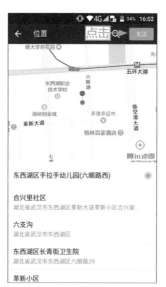

图 6.83

图 6.84

当和好友见面时，找不到好友的所在地，可以利用"共享实时位置"，与好友共享彼此的位置。

点击"共享实时位置"项（图6.85），弹出如图6.86所示的界面，界面中显示的头像为自己和好友所在的位置。

图 6.85

图 6.86

若要结束位置共享，则点击界面中的"结束位置共享"按钮（图6.87），弹出如图6.88所示的选项框，点击"结束共享"按钮，此时取消位置的共享。

图 6.87

图 6.88

若要和好友边共享位置边聊天，则点击界面中的"切换到聊天界面"按钮（图6.89），弹出如图6.90所示的选项框，点击"确定"按钮，返回到如图6.91所示的聊天界面。

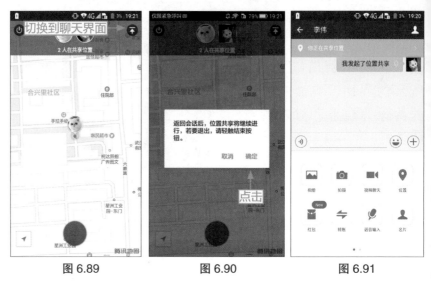

图 6.89　　　　　　　　　　图 6.90　　　　　　　　　　图 6.91

若在界面中找到好友后，此时自己的位置已不确定，则点击界面中的"地图复位"按钮，如图6.92所示。地图自动恢复到原来的位置，界面如图6.93所示。

点击界面中的"语音对讲"按钮，如图6.94所示。将嘴巴靠近手机发送语音消息，好友可以接收到该消息。

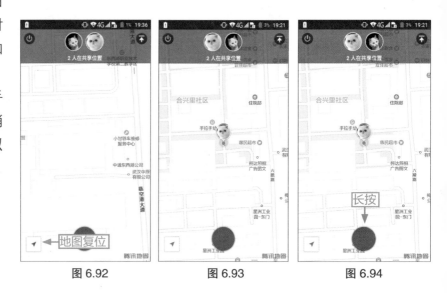

图 6.92　　　　　　　　　　图 6.93　　　　　　　　　　图 6.94

6.8 发红包和转账

点击"红包"项（图6.95），弹出如图6.96所示的"发红包"界面。

图 6.95

图 6.96

在"发红包"界面中按要求填写内容，点击"塞钱进红包"按钮，弹出如图6.97所示的界面，在界面空格中输入支付密码。红包成功发送给微信好友，聊天界面如图6.98所示。

图 6.97

图 6.98

若要发送大金额红包，则可通过转账方式发送。点击"转账"项（图6.99），弹出如图6.100所示的"转账"界面。

图 6.99

图 6.100

在"转账金额"项中输入金额，点击"添加转账说明"项，弹出如图6.101所示的界面。其中的"添加转账说明"可写可不写，点击"确定"按钮，弹出如图6.102所示的"转账"界面，点击"转账"按钮。

图 6.101

图 6.102

弹出如图 6.103 所示的界面，在空格中输入支付密码，弹出如图 6.104 所示的界面，点击"完成"按钮。

图 6.103

图 6.104

6.9 语音输入

与微信好友聊天时，如果不想打字，可点击"语音输入"项（图 6.105），弹出如图 6.106 所示的界面，按住界面底部的话筒说话，系统会自动把语音内容翻译成文字。

图 6.105

图 6.106

点击"发送"按钮，如图 6.107 所示。若系统翻译出的文字有误，则点击"清空"按钮，再重新输入语音内容，如图 6.108 所示。

图 6.107

图 6.108

6.10 发送名片

若要把微信好友推荐给另一位微信好友，则点击"名片"项（图 6.109），弹出如图 6.110 所示的"选择联系人"界面，点击该好友头像。

图 6.109

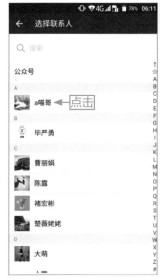

图 6.110

弹出如图 6.111 所示的界面，在"给朋友留言"处输入内容，点击"发送"按钮。微信系统会自动把名片发送到聊天界面，如图 6.112 所示。

图 6.111　　　　　　　　图 6.112

6.11 认识"我的收藏"

如果要把自己平时收藏的信息分享给微信好友。可点击"我的收藏"项（图 6.113），弹出如图 6.114 所示的"发送收藏内容"界面，点击需要发送的链接。

图 6.113　　　　　　　　图 6.114

弹出如图 6.115 所示的界面，在"给朋友留言"处，输入内容，点击"发送"按钮。微信系统会自动发送该链接到聊天界面中，如图 6.116 所示。

图 6.115

图 6.116

6.12 常见问题

问：微信发"红包"时，弹出矩形框提示红包行为异常，系统暂停红包功能，是什么意思？

答：这种情况一般是微信红包发送太多，已达到上限，第二天可恢复正常。微信红包单个限额为 200 元，单笔支付限额为 5000 元，若超过限额，则微信系统会提示红包行为异常，系统暂停红包功能。

问：微信中"共享实时位置"和"发送位置"有什么区别？

答：进入"共享实时位置"后，微信会自动定位，双方的位置会实时显示在地图上，两人相距多远，地图上一目了然；"发送位置"可把地图上的某个位置信息发送给好友。如果想要得到好友的确切地理位置，"共享实时位置"更准确些。

问：微信中的"语音输入"可以把语音翻译成文字，为什么大家还要打字？

答：因为"语音输入"的准确率比打字要低，"语音输入"只对标准的普通话识别率较高，而且当涉及一些专业名词时仍旧会犯错误，有修改错误的时间，还不如直接打字，相信这是绝大多数人的共识。

第 7 章

微信建群

7.1 面对面建群

若需要微信建群则点击微信主页面中的"+"图标（图7.1），弹出如图7.2所示的选项框。

图 7.1

图 7.2

点击"添加朋友"项，弹出如图7.3所示的"添加朋友"界面；点击"面对面建群"项，弹出如图7.4所示的"面对面建群"界面，按照界面要求输入数字。

图 7.3

图 7.4

例如输入数字"4567"，弹出如图7.5所示的界面，数字下方显示出输入相同数字的好友头像。点击"进入该群"按钮，弹出如图7.6所示的"群聊"界面。

图 7.5

图 7.6

7.2 发起群聊

若需建立家庭群，方便沟通情感，则点击"+"图标（图7.7），弹出如图7.8所示的选项框，点击"发起群聊"项。

图 7.7

图 7.8

弹出如图 7.9 所示的"发起群聊"界面，点击加入群聊好友右侧对应的选择框，变为绿底白色对勾即选中状态。点击界面中的"确定"按钮，如图 7.10 所示。

图 7.9

图 7.10

7.3 微信群聊界面

如图 7.11 所示的"群聊"界面中，该界面的导航操作栏中从左向右依次为返回按钮、当前标题和群聊天信息设置。

图 7.11

7.3.1　群聊中增加和删除好友

点击群聊天信息设置（图
7.12），弹出如图 7.13 所示
的界面，该界面显示共有 3
位好友，点击好友头像右侧
的"+"图标为增加群聊好友。

图 7.12

图 7.13

在弹出的"选择联系人"
界面（图 7.14），点击需增
加好友头像右侧的选择框，
即选中状态，点击"确定"
按钮。此时好友栏中成功添
加一位好友，"聊天信息"
界面如图 7.15 所示。

图 7.14

图 7.15

若要删除群聊中的某位好友，则点击"－"图标（图7.16），弹出如图7.17所示的群聊成员界面。点击删除好友右侧对应的选择框，即选中状态，点击"删除"按钮，弹出如图7.18所示的界面，好友被删除。

图 7.16

图 7.17

7.3.2 群聊名称

点击"群聊名称"项，如图7.19所示。

图 7.18

图 7.19

弹出如图 7.20 所示的"群名片"界面，系统默认的"群名称"为好友的昵称，输入群聊名称，点击"保存"按钮。

此时，"聊天信息"界面中的"群聊名称"修改成功，如图 7.21 所示。

图 7.20

图 7.21

7.3.3　群二维码

微信群二维码与微信个人二维码类似，若某人想要加入群聊，扫一扫群二维码即可加群，这样更方便。

点击"群二维码"项（图 7.22），弹出如图 7.23 所示的"群二维码名片"界面，使用手机扫一扫即可加入群聊。

图 7.22

图 7.23

7.3.4 认识"群公告"

若某位群成员经常在群里发广告，以致影响到群里其他成员正常交流。点击"群公告"项（图7.24），弹出如图7.25所示的"群公告"界面，在界面中输入"禁止发广告！"内容。

> **提示**
>
> 只有群主才有权利发布群公告。

图 7.24

图 7.25

点击"完成"按钮，弹出如图7.26所示的界面；点击"发布"按钮，弹出如图7.27所示的"聊天信息"界面，"群公告"项中显示"禁止发广告！"内容。

此时，群聊天界面中显示该公告，如图7.28所示。

图 7.26　　　　　　　　图 7.27　　　　　　　　图 7.28

7.3.5 群管理

某些陌生人在群聊中会发布一些虚假消息，误导群成员。若要成为群成员，则需群主确认，方可被邀请进群。群主点击"群管理"项（图7.29），弹出如图7.30所示的"群管理"界面，点击"群聊邀请确认"右侧对应的按钮，由灰变为绿色即开启状态。

提示

"群管理"项只有群主才可以使用。

图 7.29

图 7.30

若平时无暇管理群，则可将群主管理权转让给群中其他成员。点击界面中的"群主管理权转让"项（图7.31），弹出如图7.32所示的"选择新群主"界面，选择某位群成员并点击该头像。

图 7.31

图 7.32

弹出如图 7.33 所示的界面，点击"确定"按钮。"聊天信息"界面显示"转让成功"，如图 7.34 所示。

此时，群聊界面中也显示出该信息，如图 7.35 所示。

图 7.33　　　　　　　　　　图 7.34　　　　　　　　　　图 7.35

7.3.6 将群保存到通讯录

常用群在微信主页面被删除时，将无法再找到该群。点击"保存到通讯录"项右侧对应的按钮，即开启状态，如图 7.36 所示。返回到如图 7.37 所示的"通讯录"界面，点击"群聊"项，弹出如图 7.38 所示的"群聊"界面，群被保存在此界面中，所有群均可按此方法进行保存。

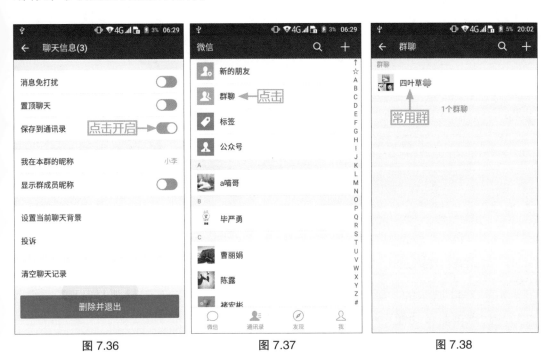

图 7.36　　　　　　　　　　图 7.37　　　　　　　　　　图 7.38

提示

使用"通讯录"功能界面中的"群聊"项，点击该项，弹出"群聊"界面；点击导航操作栏中的"+"图标，弹出"发起群聊"界面；点击"选择一个群"，弹出微信主页面中的所有群，想要把哪个群添加到"群聊"项中，则点击该群即可。接下来的操作方法与以上正文中介绍的操作方法类似。

7.3.7 删除并退出群

若某个群无意义，可点击"删除并退出"按钮（图7.39），弹出如图7.40所示的界面，点击"确定"按钮，退出群。

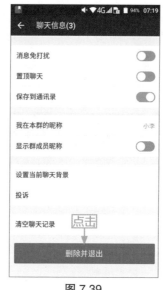

图 7.39

图 7.40

7.3.8 语音聊天功能

如图7.41所示的"群聊天"界面，点击更多功能图标，弹出如图7.42所示的界面，点击"语音聊天"项。

图 7.41

图 7.42

弹出如图 7.43 所示的
"选择成员"界面,在该界
面可选择一位或者多位群成
员进行语音聊天。若群成员
过多,不能快速找到某一位
成员,则可以点击"搜索"
图标,输入群成员昵称,搜
索出该成员。点击该成员头
像右侧对应的选择框,变为
绿底白色对勾选中状态,如
图 7.44 所示。

图 7.43

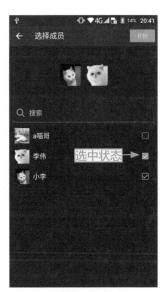

图 7.44

点击"开始"按钮,(图
7.45),弹出如图 7.46 所示
的语音聊天界面。

图 7.45

图 7.46

若在语音聊天过程中需要添加其他群成员，应点击界面中的添加成员图标（图7.47），弹出如图7.48所示的"添加成员"界面。

图 7.47

图 7.48

点击成员头像右侧对应的选择框，即选中状态，然后点击"确定"按钮（图7.49），弹出如图7.50所示的语音聊天界面，等待该成员接受语音聊天邀请。

图 7.49

图 7.50

7.3.9 群发"红包"功能

　　群发红包与个人发红包有所不同。点击"红包"项（图7.51），弹出如图7.52所示的"发红包"界面，在"总金额"中输入金额。

图 7.51

图 7.52

　　点击蓝色字体"改为普通红包"项（图7.53），弹出如图7.54所示的界面，"单个金额0.1元"，灰色字体变为"群里每人收到固定金额"，说明每个人只能收到0.1元。蓝色字体变成"改为拼手气红包"。

提示

　　"每人抽到的金额随机"说明在群成员抢红包时，红包中的金额是随机分配的。

图 7.53

图 7.54

在"红包个数"项中输入红包数，如图 7.55 所示。"留言"项中输入留言内容，如图 7.56 所示。

图 7.55

图 7.56

点击"塞钱进红包"按钮（图 7.57），弹出如图 7.58 所示的界面，在空格内输入支付密码，微信系统会自动发送红包到如图 7.59 所示的群聊界面。

图 7.57

图 7.58

图 7.59

7.4 常见问题

问：在微信群聊中发出的红包个数超出了总人数，怎么办？

答：微信群聊中发出的红包超出总人数是常见的问题，微信系统会在 24 小时后，将微信红包未领取的金额退还到"零钱"中。

问：微信群中的二维码失效，群还在吗？

答：微信群中的二维码失效，微信群还在。群二维码有效期是 7 天（从二维码生成的那天开始算起，在二维码下方会提示有效日期），失效后再次扫描该二维码会提示"该二维码已过期"，此时微信系统已更新二维码。

问：微信群有人数限制吗？

答：微信群是有人数限制的。微信群最多可加 500 人，为了更好地保护帐号安全，第一，微信群超过 40 人，邀请时需要对方的同意；第二，微信群中超过 100 人，对方需要实名验证才能接受邀请，可绑定银行卡进行验证。

第 8 章

轻松玩转朋友圈

8.1 朋友圈界面

点击"发现"界面中的"朋友圈"项（图 8.1），弹出如图 8.2 所示的"朋友圈"界面，该界面中的导航操作栏从左向右依次为返回按钮、当前标题和发布朋友圈按钮。

如图 8.3 所示的界面，该界面分为两部分：第一部分为相册封面、头像和昵称；第二部分为好友分享的消息。

| 图 8.1 | 图 8.2 | 图 8.3 |

8.2 图文并茂发朋友圈

8.2.1 "拍摄"按钮

点击"发布朋友圈"按钮（图 8.4），弹出如图 8.5 所示的选项框,点击"拍摄"项。

| 图 8.4 | 图 8.5 |

弹出如图 8.6 所示的拍摄界面，点击快门按钮进行拍摄。若不满意拍摄的照片，则点击界面中的返回按钮，重新拍摄；若满意拍摄的照片，则点击使用按钮，如图8.7所示。

图 8.6

图 8.7

弹出如图 8.8 所示的界面，在"这一刻的想法…"中输入内容。若图片太少，可点击界面中的"+"图标添加图片，如图8.9所示。

图 8.8

图 8.9

8.2.2 "从相册选择"功能

在如图 8.10 所示的选项框中点击"从相册选择"项，弹出如图 8.11 所示的"图片"界面，点击合适的图片，可选多张图片。

图 8.10   图 8.11

点击界面中的"完成"按钮（图 8.12），弹出如图 8.13 所示的界面。

图 8.12   图 8.13

8.2.3 调整图片位置

若需调整某张图片的位置，手指按住该图片，拖动该图片到确定位置。例如把白猫图片移到其他两张图片的中间，手指按住白猫图片，拖动该图片到中间位置，如图 8.14 所示。图片移到确定位置后，手指松开，如图 8.15 所示。

图 8.14

图 8.15

8.2.4 删除图片

若要删除界面中的某张图片，则长按该图片，如图 8.16 所示。如图 8.17 所示的界面底部会显示"拖动到此处删除"按钮，将图片拖动到该按钮处，图片被删除。

图 8.16

图 8.17

该图片删除成功，如图
8.18 所示的界面。

8.2.5　"所在位置"功能

若需显示身处何地发布
的朋友圈，点击"所在位置"
项，如图 8.19 所示。

图 8.18

图 8.19

弹出如图 8.20 所示的"所
在位置"界面，点击具体位置，
弹出如图 8.21 所示的界面，
你可以从中选择自己所在的
确切位置。

图 8.20

图 8.21

8.2.6 "谁可以看"功能

若想把朋友圈当作存储器，可点击"谁可以看"项（图8.22），弹出如图8.23所示的"谁可以看"界面，点击"私密"项右侧对应的按钮。

图 8.22

图 8.23

点击"完成"按钮（图8.24），弹出如图8.25所示的界面，此时"谁可以看"项的右侧显示"私密"。

图 8.24

图 8.25

如果你发布的朋友圈不愿意让陌生微信好友查看，可点击界面中的"部分可见"项右侧对应的按钮（图8.26），弹出如图8.27所示的"选择联系人"界面，点击好友头像右侧对应的选择框，即只有该好友可以看到你发布的朋友圈。

图 8.26

图 8.27

点击"确定"按钮（图8.28），弹出如图8.29所示的界面，点击"存为标签"项。

图 8.28

图 8.29

弹出如图 8.30 所示的
"保存为标签"界面，在"标
签名字"一栏中输入与好友
的关系。若需增加该标签中
的好友，点击"+"图标；若
需删除该标签中的好友，点
击"－"图标，如图 8.31 所示。

图 8.30

图 8.31

点击界面中的"保存"按钮（图 8.32），弹出如图 8.33 所示的"谁可以看"界面，
点击"完成"按钮。

如图 8.34 所示的界面，在"谁可以看"项右侧显示出与好友关系"朋友"。

图 8.32

图 8.33

图 8.34

若你发出的朋友圈不愿意
让某些人看，可点击"谁可以
看"界面中的"不给谁看"项
右侧对应的按钮（图 8.35），
弹出如图 8.36 所示的"选择
联系人"界面，其操作步骤与
"部分可见"操作步骤类似。

图 8.35

图 8.36

8.2.7 "提醒谁看"功能

若要提醒微信中某位或
者某几位好友查看你朋友圈
发布的消息，可点击"提醒
谁看"项（图 8.37），弹出如
图 8.38 所示的"提醒谁看"
界面，点击好友头像右侧对
应的选择框。

图 8.37

图 8.38

点击"提醒谁看"界面中的"确定"按钮（图8.39），弹出如图8.40所示的界面，在"提醒谁看"项中显示出好友头像。

图 8.39

图 8.40

8.2.8 同步 QQ 空间功能

若要把发布的朋友圈同步到 QQ 空间中，点击界面中的 QQ 空间图标，如图 8.41 所示。此时如图 8.42 所示的界面中，QQ 空间图标由灰色变为黄色，即选中状态。

> **提示**
>
> 把朋友圈中的信息同步到 QQ 空间中，微信帐号必须要绑定 QQ 帐号，绑定 QQ 帐号的操作步骤，可参照"4.2.6'帐号与安全'界面"进行操作。

图 8.41

图 8.42

若要放弃发布消息到朋友圈，可点击界面中的返回按钮（图 8.43），弹出如图 8.44 所示的选项框，点击"退出"按钮。

图 8.43　　　　　　　图 8.44

若信息编辑完成并确定要发布，可点击界面中的"发送"按钮，如图 8.45 所示。"朋友圈"界面显示消息发布成功，如图 8.46 所示。

图 8.45　　　　　　　图 8.46

8.3 只发文字到朋友圈

若要在朋友圈中发布纯文字信息，可长按"朋友圈"界面中的发布朋友圈按钮（图8.47），弹出如图8.48所示的界面，点击"我知道了"按钮。

图 8.47

图 8.48

弹出如图8.49所示的界面，此界面中除了没有编辑图片的部分以外，其他部分和"8.2　图文并茂发朋友圈"的界面选项完全一致，文字编辑完成，点击"发送"按钮。如图8.50所示，文字消息发布成功。

图 8.49

图 8.50

8.4 评论与转发好友朋友圈

8.4.1 评论、点赞好友朋友圈

点击好友发布朋友圈的评论图标（图8.51），弹出如图8.52所示的选项框。若要对好友发布的消息点赞，则点击"赞"图标。

图 8.51　　　　　　　图 8.52

弹出如图8.53所示的界面，说明点赞成功。若好友发布的消息不适合点赞，可点击评论图标，弹出选项框，点击"取消"选项，如图8.54所示。

图 8.53　　　　　　　图 8.54

如图 8.55 所示的界面，点赞被成功地取消。若要对好友发布的消息进行评论，可点击评论图标中的"评论"图标，如图 8.56 所示。

图 8.55

图 8.56

弹出如图 8.57 所示的编辑文字界面，输入评论内容，点击"发送"按钮，如图 8.58所示。

图 8.57

图 8.58

成功评论好友朋友圈后，弹出的界面如图 8.59 所示。若要删除该评论，长按此评论，如图 8.60 所示。

图 8.59

图 8.60

弹出如图 8.61 所示的选项框，点击"删除"选项。该评论被成功地删除，如图 8.62 所示。

图 8.61

图 8.62

8.4.2 转发好友朋友圈

若好友发布的某个链接很实用，你打算转发该链接。点击该链接（图8.63），弹出如图8.64所示的链接主页面，点击界面导航操作栏中的三个竖点。

图8.63

图8.64

弹出如图8.65所示的功能选项界面，点击"分享到朋友圈"选项，弹出如图8.66所示的界面，在"这一刻的想法…"中输入文字内容。界面中其他功能可参照"8.2图文并茂发朋友圈"进行操作，点击"发送"按钮。

图8.65

图8.66

8.4.3 转发图片到朋友圈

朋友圈界面中成功显示出该链接，如图 8.67 所示。若要转发好友朋友圈中的图片，可点击好友头像或昵称，如图 8.68 所示。

图 8.67

图 8.68

弹出如图 8.69 所示的"详细资料"界面，点击"个人相册"项，弹出如图 8.70 所示的界面，点击你想要转发的图片。

图 8.69

图 8.70

弹出如图 8.71 所示的界面，点击界面中的三个竖点。如图 8.72 所示的界面底部弹出选项框，点击"保存图片"选项，将图片保存到手机图片库中。

图 8.71

图 8.72

若要选择其他图片，手指向左或者向右划动手机屏幕（图 8.73），弹出如图 8.74 所示的其他图片，按照上述操作方法保存图片。

图 8.73

图 8.74

返回如图 8.75 所示的
"朋友圈"界面，点击界面
中的发布朋友圈按钮，弹出
如图 8.76 所示的选项框，点
击"从相册选择"选项。

图 8.75　　　　　　　　　图 8.76

弹出如图 8.77 所示的
"图片和视频"界面，点击
刚才保存的图片，点击"完成"
按钮，如图 8.78 所示。

图 8.77　　　　　　　　　图 8.78

弹出如图 8.79 所示的界面，在"这一刻的想法…"中输入文字内容，界面中其他功能可参照"8.2 图文并茂发朋友圈"进行操作。点击"发送"按钮，如图 8.80 所示。

成功发布图片后的"朋友圈"界面如图 8.81 所示。

图 8.79　　　　　　图 8.80　　　　　　图 8.81

8.5 屏蔽朋友圈里的好友

8.5.1 不让好友看我的朋友圈

在如图 8.82 所示的界面中，长按好友头像，弹出如图 8.83 所示的选项框，点击"设置朋友圈权限"项。

图 8.82

图 8.83

弹出如图 8.84 所示的
"设置朋友圈权限"界面，
此时"不让她看我的朋友圈"
处于关闭状态。点击"不让
她看我的朋友圈"右侧对应
的按钮，即变为开启状态，
如图 8.85 所示。

图 8.84

图 8.85

8.5.2 不看好友的朋友圈

在如图 8.86 所示的界面
中，点击"不看她的朋友圈"
右侧对应的按钮即开启状态，
该好友发布的信息全部消失，
如图 8.87 所示。

图 8.86

图 8.87

若要显示该好友在朋友圈中发布的消息，则点击界面中的"设置"项（图 8.88），弹出如图 8.89 所示的"设置"界面，点击"隐私"选项。

图 8.88

图 8.89

弹出如图 8.90 所示的"隐私"界面，点击"不看他（她）的朋友圈"选项，弹出如图 8.91 所示的界面，点击好友头像右侧的"–"图标。

图 8.90

图 8.91

点击好友头像，好友被删除，如图 8.92 所示。点击"完成"按钮，如图 8.93 所示。返回如图 8.94 所示的"朋友圈"界面，发现已成功显示好友发布的消息。

提示

　　若要添加好友到"不看他（她）的朋友圈"，则点击"+"图标即可添加。

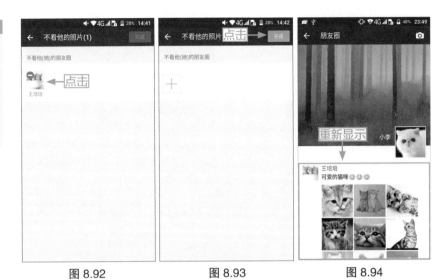

图 8.92　　　　　　　　图 8.93　　　　　　　　图 8.94

8.6 常见问题

　　问：微信朋友圈中，为什么看不到好友发布消息的所有评论？

　　答：这个是腾讯为了个人隐私而设置的。假如 A、B、C 互为微信好友，A 才能看到 C 在 B 的朋友圈中的评论；假如 A、B 是微信好友，B、C 是微信好友，但是 A、C 不是微信好友，那么 C 评论 B 的朋友圈消息，A 是看不到的。

　　问：如何更换朋友圈的封面？

　　答：长按朋友圈中的"相册封面"，点击所弹出的"更换相册封面"按钮，弹出"更换相册封面"界面，可以在界面的三个选项中选择合适的方式更换图片。

　　问：为什么看微信好友的朋友圈，显示非好友只能查看十张图片？

　　答：因为对方已不是自己的微信好友。在微信中如果 A 把 B 从微信中删除，B 是不知道的，只有看 A 的朋友圈显示出"非朋友最多显示十张照片"，此时 B 才知道 A 已把自己删除。

第 9 章

微信虽好，谨防受骗

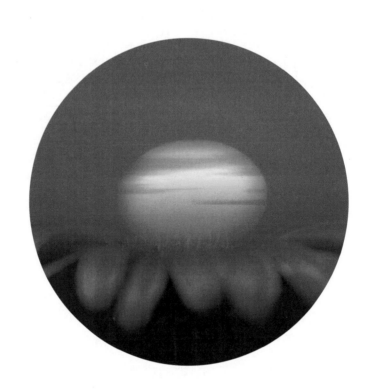

9.1 摇出好友不要轻易信

　　若玩微信摇一摇时，界面中会弹出陌生人"打招呼"，或者显示同一时刻摇晃手机的陌生人，这些陌生人无法从头像或者昵称上辨别善恶，所以只看消息就好，可以不回复的，就尽量不要回复，防止上当受骗。

9.2 不要轻易相信附近的人

　　看着"附近的人"几个字眼显得很亲切，附近的人离自己距离也不远，如果要见面随时就可以见，这样想过于简单，大到城市，小到社区都是鱼目混杂的地方，虽说大部分人是好心人，但也不乏少数的坑蒙拐骗之徒。只有和陌生人保持一定的距离，才是保护自己的最好方法。在微信中看到"附近的人"界面中的陌生人离自己距离再近，也不要主动搭讪。如果有陌生人"打招呼"，可以不回复的，就尽量不回复。若需要添加一些微信好友，可添加自己的亲戚、朋友、邻居。

9.3 个人信息不给陌生人

　　若微信中添加了陌生人，最好在"设置朋友圈权限"项中设置"不让他（她）看我的朋友圈"，以防那些心怀不轨之人利用朋友圈中的信息做违法的事情。同时，在和陌生人聊天时不要泄露自己的个人信息，防止陌生人盗用自己的信息，做一些对自己不利的事情。

9.4 链接不要随便点

　　有的时候微信朋友圈中会出现类似"将这条链接转发到朋友圈，每天可以获得酬金""动动手转发出去，就能兼职赚钱"或是"只要在朋友圈转发广告就有大把现金进账"等等链接，千万不要随意点击，以免自己财物受损失，天上不会掉馅饼。